HERBIER

AGRICOLE

OU

LISTE DES PLANTES LES PLUS COMMUNES

A L'USAGE

DES ÉCOLES D'AGRICULTURE
ET DES ÉCOLES NORMALES PRIMAIRES

PAR M. J. BODIN

DIRECTEUR DE L'ÉCOLE D'AGRICULTURE DE RENNES

Officier de la Légion d'honneur

Cinquième édition, revue et augmentée

enrichie de **110** figures intercalées dans le texte

PARIS

LIBRAIRIE CH. DELAGRAVE

15, RUE SOUFFLOT, 15
1881

M. LEFEBVRE DE SAINTE-MARIE

INSPECTEUR GÉNÉRAL DE L'AGRICULTURE

MON CHER INSPECTEUR,

En vous offrant mon Herbier agricole, je n'espérais guère qu'il aurait les honneurs d'une seconde édition.

Ce petit succès est-il une preuve de son mérite ? C'est plutôt que nos jeunes agriculteurs veulent sérieusement étudier tout ce qui se rattache à leur état.

Je suis donc doublement heureux qu'il me soit permis de vous l'offrir un peu moins incomplet en vous témoignant de nouveau mon estime et mon amitié.

J. BODIN.

HERBIER AGRICOLE

LISTE DES PLANTES LES PLUS COMMUNES

MES AMIS,

Que diriez-vous d'un instituteur qui n'aurait pas
étudié la grammaire, ou encore d'un ouvrier en bois
qui ne distinguerait pas un morceau de chêne d'une
planche de peuplier ?

Eh bien, que penser d'un agriculteur qui vit au
milieu des champs, dont la seule occupation est de
cultiver les plantes et qui ne connaît ni leur organisation, ni leur manière de vivre, ni même leurs
noms ?

Pour les mettre dans les meilleures conditions
et en obtenir de beaux produits, il faut comprendre
leurs besoins, étudier leur vie, leurs habitudes, les
lieux qui leur conviennent et les groupes qui peuvent impunément se succéder sur le même sol.

Ces études nous feront aussi connaître les plantes
utiles pour les rechercher, les multiplier et en tirer
bon parti ; celles qui sont nuisibles pour nous en dé-
fendre ou les détruire.

Les plantes qui ont de grandes analogies entre

elles doivent avoir les mêmes propriétés soit en bien,
soit en mal; c'est pour cela que nous les réunirons
en groupes ou grandes familles.

Ferons-nous de la botanique? Non assurément.

Ce n'est pas que nous dédaignions cette science,
qu'on peut appeler aimable, qui élève l'âme et l'es-
prit, qui relève des découragements dont tous les
hommes ressentent plus ou moins les effets, et qui
enfin donne des idées douces et généreuses, en faisant admirer ce qu'il y a de grand, de beau, de
prévu dans toute la création de Dieu.

Mais la botanique demande de grandes études, des
observations minutieuses, et nous ne pouvons faire
que des promenades.

L'étude des plantes est une occasion de parler de
culture, et, tout en initiant à de nombreuses connaissances, elle préserve de la présomption, en faisant
sentir à chaque pas qu'on ignore beaucoup.

Nous ferons donc tout simplement des herborisa-
tions agricoles. Nous essayerons d'apprendre les noms
de quelques groupes et ceux de quelques plantes
dans chaque groupe. Ce sera plutôt une liste que de
savantes descriptions.

Nous prendrons comme types, des plantes bien connues, en ne suivant pas toujours les classifications
établies par les botanistes. Nous leur demandons
pardon de rapprochements peu scientifiques peut-
être, mais qui permettront d'employer les noms du
langage ordinaire.

ORGANISATION DES PLANTES

Les plantes vivent, mais ce n'est pas tout à fait à la manière des animaux, qui peuvent se mouvoir d'un lieu dans un autre, et qui sont doués de sensibilité. Elles vivent cependant : elles ont besoin de matières inorganiques et organiques pour entretenir leur existence ; elles ont, par conséquent, des organes propres à l'absorption, à la respiration et à la circulation.

Les plantes ont des racines qui les fixent au sol et leur servent à absorber les matières nutritives ; des tiges qui, molles ou herbacées, comme dans le froment, les choux, le trèfle, ou dures, comme dans le bois, et dites alors ligneuses, supportent les branches, les feuilles, les fleurs et les fruits, et concourent aussi à la circulation et à la respiration ; des feuilles qui absorbent l'air, et, enfin, des fleurs, dont les différentes parties concourent à la formation des fruits et des graines.

On distingue dans la fleur : le calice, la corolle, les étamines et les pistils.

Le calice est l'enveloppe la plus extérieure, presque toujours verte. Il est facile à reconnaître dans la rose. (Certaines plantes ont des fleurs dépourvues de calice.)

La corolle, de couleurs très variées, est généralement regardée comme la fleur. C'est cette partie qui est rouge dans le coquelicot, jaune dans le colza.

(Quelques plantes ont des fleurs dépourvues de corolle.) Elle est d'une seule pièce, comme dans le liseron ; ou de plusieurs, comme dans le genêt, la mauve ; chacune de ces pièces se nomme pétale.

Les étamines et les pistils sont placés au centre de la corolle, qui les enveloppe pour les préserver de l'intempérie des saisons.

La corolle sert aussi de réflecteur pour donner plus ou moins de chaleur aux étamines et aux pistils, qui sont les véritables organes de la fructification.

Lorsque nous planterons un arbre ou toute autre plante, nous devrons ménager le chevelu, ces petites racines fines et déliées comme des cheveux, qui sont de véritables bouches absorbantes.

Les feuilles seront aussi conservées avec soin, puisqu'elles servent à la respiration). Privée de ses feuilles, la plante périrait, en quelque sorte asphyxiée. N'effeuillons donc pas les betteraves, les carottes, etc., et élaguons peu nos arbres.

C'est dans la fleur que réside le plus de vitalité : aussi remarquerons-nous toujours que la graine et les parties environnantes sont les plus nutritives ; et nous nous souviendrons, pour nos fourrages, que c'est à l'époque de leur pleine floraison qu'ils sont véritablement nourrissants.

N'oublions pas non plus que tout végétal vient d'une semence. Pour nous en convaincre, arrachons de jeunes plantes, et nous trouverons toujours les débris de la graine. Ne laissons donc pas mûrir les mauvaises herbes dans nos cultures, et elles disparaîtront à la longue.

CLASSIFICATION

Établissons d'abord trois grandes divisions dans les plantes, afin de les classer plus facilement. Prenons, pour distinguer ces groupes, la manière dont elles lèvent, et nous aurons :

Dans la première division, celles qui lèvent sans feuilles : les champignons, les mousses, les moisissures, les algues ;

Dans la deuxième, celles qui lèvent avec une feuille : le froment, l'orge, l'avoine, le ray-grass, l'oignon, etc. ;

Dans la troisième, celles qui lèvent avec deux feuilles : les choux, les trèfles, la ciguë, le coquelicot, etc.

Chacun de ces trois groupes se divise en familles. Nous ne parlerons que de celles où se trouvent des plantes qui peuvent nous intéresser.

L'étude d'un système ou d'une méthode serait au-dessus de nos forces. Nous l'avons déjà dit, nous ne sommes pas botaniste.

Pour faciliter nos recherches, nous prendrons ce qu'il y a de plus saillant dans les plantes : la couleur des fleurs, la forme, l'époque de leur développement, l'odeur, la ressemblance avec une autre plante connue, enfin, tout ce qui pourra nous aider.

Quand, par ce moyen, nous arriverons aux fa-

milles, les caractères descriptifs, les noms vulgaires, les localités, conduiront à la cönnaissance des espèces.

Si, au contraire, nous recönnaissons d'abord une espèce, elle mettra sur la voie pour trouver la famille.

Ce moyen est bien incomplet et peu scientifique : mais espérons qu'il pourra amener à l'étude des ouvrages de bòtanique.

Nous donnerons d'abord la liste des familles sous forme de tableaux, et ensuite quelques descriptions des plantes les plus communes.

1re DIVISION.

—

PLANTES LEVANT SANS FEUILLES.

(ACOTYLÉDONES.)

Algues. — Moisissures. — Champignons. Mousses. — Fougères.

PLANTES LEVANT AVEC UNE FEUILLE,

(MONOCOTYLÉDONES.)

Tiges poreuses ; feuilles à nervures parallèles simples.

CARACTÈRES.			FAMILLE.	
FLEURS À BALLES OU GLUMES.	DEUX BALLES	Tiges ordinairement creuses, entrecoupées de nœuds solides ; feuilles allongées, engainantes. Froment, avoine, chiendent, ivraie.	Froment. *(Graminées.)*	1re
	UNE SEULE BALLE	Tiges sans nœuds, remplies de moelle, souvent triangulaires. Feuilles coupantes, souvent en forme d'épée. Aspect des graminées. Lieux marécageux.	Carex. Souchet. *(Cypéracées.)*	2°
FLEURS SANS BALLES, SANS CALICE ET SANS COROLLE.		Tiges cylindriques, sans nœuds, pistils serrés en une quenouille ou en petites boules ; étamines aussi en quenouille ou en boules, au-dessus des pistils. Dans les eaux.	Massette ou Typha. *(Typhacées.)*	3°
		Pistils serrés et anneaux au-dessus desquels sont les étamines aussi en anneaux ; le tout surmonté d'un long fuseau et enfermé dans un cornet ou spathe.	Arum ou Gouet. *(Aroïdées.)*	4°

CLASSIFICATION.

2° DIVISION (suite).

CARACTÈRES.			FAMILLE.	

FLEURS AVEC UNE COROLLE DE SIX PIÈCES.

SIX ÉTAMINES.

Dans les lieux marécageux. Tiges et feuilles cylindriques; pièces de la corolle comme sèches et le plus souvent brunes. — **Jonc.** (*Joncées.*) } 5°

Dans les vallées et les bois. Fleurs verdâtres ou blanches, en clochettes pendantes, fruits en baies. Asperges, muguet, sceau-de-Salomon. — **Asperge.** (*Asparaginées.*) } 6°

Racines presque toujours à bulbe ou oignon; feuilles allongées, pliées dans le sens de leur longueur, ou quelquefois cylindriques et creuses. Fleurs régulières, fruit en capsule. Lis, tulipe, ail, poireau. — **Oignon.** (*Liliacées.*) } 7°

TROIS ÉTAMINES DONT DEUX AVORTÉES DANS LES ORCHIS.

Aspect des Liliacées. — **Iris.** (*Iridées.*) } 8°

Feuilles succulentes, comme les Liliacées; fleurs irrégulières, en épi, roses ou purpurines, rarement vertes; fleurissent au printemps, surtout dans les prairies fraîches et calcaires. — **Orchis ou pentecôtes.** (*Orchidées.*) } 9°

FLEURS AVEC UNE COROLLE UN CALICE DE TROIS PIÈCES CHACUN.

Plantes des eaux, à corolle blanche ou rosée avec un calice de couleur verte. — **Alisma. Plantain d'eau.** (*Alismacées.*) } 10°

PLANTES LEVANT AVEC DEUX FEUILLES.

(DICOTYLÉDONES.).

Tiges ayant un canal médullaire ; feuilles à nervures ramifiées.

CARACTÈRES.			FAMILLE	
UNE SEULE ENVELOPPE FLORALE.	D'UNE SEULE PIÈCE. (*Monopétales.*)	Arbrisseaux à feuilles entières, simples, coriaces, luisantes ; à fleurs *verdâtres* ; fruits en baies.	Daphné. Lauréole. (*Daphnées.*)	1ʳᵉ
		Petites fleurs *verdâtres* ; feuilles rudes ou piquantes ; les fleurs à étamines et celles à pistils, quelquefois sur des pieds différents.	Orties. Chanvre. (*Urticées.*)	2ᵒ
		Famille dont les types principaux sont : le sarrasin, la renouée, le poivre d'eau, la patience, l'oseille ; tiges très souvent *rougeâtres*, avec une graine membraneuse à la base des feuilles ; graines triangulaires, ou d'autres en forme d'œuf.	Sarrasin. Oseille. (*Polygonées.*)	3ᵒ
	DE PLUSIEURS PIÈCES. (*Polypétales.*)	Quelques-unes ayant un peu le port des orties, mais les étamines et les pistils presque toujours réunis dans la même fleur ; feuilles lisses ; fleurs petites et *verdâtres*.	Betteraves. Arroches. Épinards. Ansérine (*Atriplicées.*)	4ᵒ
		Tiges à suc laiteux, âcre ; fleurs herbacées, d'un *jaune verdâtre* ; celles à étamines et celles à pistils quelquefois sur le même pied, quelquefois sur des pieds différents.	Euphorbes. Ramberges. (*Euphorbiacées.*)	5ᵒ

CARACTÈRES.			3ᵉ DIVISION (suite).	FAMILLE.

<table>
<tr><td rowspan="9">DEUX ENVELOPPES FLORALES.</td><td rowspan="9">D'UNE SEULE PIÈCE. (Monopétales.)</td><td>Arbrisseaux à feuilles opposées; fleurs souvent odorantes; corolle régulière, en tube.</td><td>Jasmin. Troëne. (Jasminées.)</td><td>6ᵉ</td></tr>
</table>

CARACTÈRES.		3ᵉ DIVISION (suite).	FAMILLE.	
DEUX ENVELOPPES FLORALES.	D'UNE SEULE PIÈCE. (Monopétales.)	Arbrisseaux à feuilles opposées; fleurs souvent odorantes; corolle régulière, en tube.	Jasmin. Troëne. (Jasminées.)	6ᵉ
		Tiges simples, nues; feuilles en général grandes, partant de la racine et à nervures très prononcées; fleurs petites, en épi ou en tête.	Plantain. (Plantaginées.)	7ᵉ
		Tiges presque ligneuses; feuilles opposées, entières, coriaces; corolle à cinq divisions obliques; suc laiteux âcre.	Pervenche. (Apocynées.)	8ᵉ
		Tiges herbacées; feuilles opposées, entières; corolle tubuleuse, régulière; amère.	Gentiane. (Gentianées.)	9ᵉ
		La plupart fleurissant dès le premier printemps. Feuilles simples et entières; fleurs souvent *jaunes* comme dans la lysimaque et les primevères; *blanches* ou *rosées*, comme dans la millefeuille aquatique; *violettes* ou *rouges*, dans le mouron. Étamines en nombre égal à celui des lobes de la corolle, et placées devant chacun d'eux.	Primevère. (Primulacées.)	10ᵉ
		Tiges la plupart du temps grimpantes; feuilles simples et alternes; fleurs en cloche; corolle régulière à cinq divisions. Liseron, cuscute.	Liserons. (Convolvulacées.)	11ᵉ
		Aspect sombre, odeur désagréable; corolle régulière à cinq divisions, cinq étamines souvent soudées entre elles. Pomme de terre, douce-amère, jusquiame, pomme épineuse, tabac.	Pomme de terre. (Solanées.)	12ᵉ
		Plantes en général rudes, velues; axe des fleurs souvent roulé en limaçon; corolle à cinq divisions; cinq étamines; quatre graines nues au fond du calice. Bourrache, grande consoude, vipérine, myosotis	Bourrache. (Borraginées.)	13ᵉ

Tiges dures et ligneuses; feuilles petites; souvent rassemblées par trois ou quatre à chaque nœud; fleurs *roses* ou d'un *blanc rosé*.	Bruyères. (*Ericinées.*)	} 14°
Tiges dures, carrées; feuilles opposées, simples; fleurs *violacées*, tubuleuses, irrégulières. Bord des chemins, lieux habités.	Verveine. (*Verbénacées.*)	} 15°
Fleurs irrégulières à cinq divisions inégales, entourées de petites feuilles (bractées des botanistes). Les plus remarquables sont : la scrophulaire, la digitale, la véronique.	Scrophulaire. (*Scrophulariées.*)	} 16°
Plantes parasites sur les racines d'arbres ou d'arbrisseaux : tiges simples et charnues; feuilles et fleurs ordinairement couleur de *rouille* ou *bleues;* fleurs à deux lèvres.	Orobanche. Clandestine. (*Orobanchées.*)	} 17°
Fleurs irrégulières à deux lèvres, quatre étamines, dont deux plus courtes. Pédiculaire, muflier, linaire, rhinanthe, mélampyre, euphraise.	Pédiculaire. (*Pédiculariées.*)	} 18°
Tiges carrées; feuilles opposées; fleurs à deux lèvres, en anneaux et par étages autour de la tige; quatre graines nues au fond du calice.	Sauge. Menthe. Lierre terrestre (*Labiées.*)	} 19°
Plantes contenant un suc laiteux; corolle en cloche à cinq dents; fleurs *bleues* ou *blanches;* feuilles alternes. Raiponce, jasione.	Campanule. (*Campanulacées.*)	} 20°
Tiges rondes; feuilles opposées; petite corolle en tube à cinq divisions, en panicule ou espèce d'épi lâche ou en tête.	Valériane. Mâche ou Boursette. (*Valérianées.*)	} 21°
Petit arbrisseau à tiges anguleuses, à fleurs *rougeâtres*, à fruit acidulé, croissant dans les bois.	Myrtille. (*Vacciniées.*)	} 22°

(Suite.) DEUX ENVELOPPES FLORALES. } D'UNE SEULE PIÈCE. (*Monopétales.*)

CARACTÈRES.   FAMILLE.

HERBIER AGRICOLE.

CARACTÈRES	FAMILLE.	
Tiges grosses, creuses, rampantes, munies de vrilles; étamines et pistils le plus souvent dans des fleurs séparées et sur le même pied, quelquefois sur des pieds différents; tiges et feuilles rudes; fruits charnus.	Citrouille. Melon. Concombre. Bryone. (*Cucurbitacées.*)	23ᵉ
Arbrisseaux à feuilles opposées, quelquefois grimpants et tortillés de gauche à droite : fleurs terminales en tube d'une seule pièce; fruits en baies. Chèvrefeuille, sureau, viornes.	Chèvrefeuille. (*Caprifoliacées.*)	24ᵉ
Plantes très souvent couvertes de poils crochus : tiges carrées; feuilles disposées en anneaux autour de la tige, entières, petites; fleurs petites à quatre divisions régulières, ordinairement *blanches* ou *jaunes*. Gratteron, croisette.	Garance. (*Rubiacées.*)	25ᵉ
Feuilles opposées; fleurettes nombreuses rassemblées en tête sur un réceptacle commun; corolle d'une seule pièce, en tube à quatre ou cinq lobes souvent irréguliers. Scabieuse, cardère ou chardon à foulon.	Scabieuse. (*Dipsacées.*)	26ᵉ
Fleurettes nombreuses réunies sur un réceptacle commun; corolle d'une seule pièce; cinq étamines soudées par leurs têtes en un tube au travers duquel passe le style, graine nue à la base du tube de la corolle.	Chicorées. Chardons. Pâquerette. (*Composées.*)	27ᵉ

(Suite.) DEUX ENVELOPPES FLORALES.

D'UNE SEULE PIÈCE. (*Monopétales.*)

		Tiges sillonnées; supports des feuilles engainants à la base; feuilles découpées en petites folioles; fleurs en ombelle, le plus souvent *blanches*. Panais, carottes, ciguë, persil, cerfeuil, fenouil, œnanthe, berle.	**Carottes.** (*Ombellifères.*)	28e
		Feuilles opposées, simples, entières; fleurs en épi très lâche, quatre pétales, deux à huit étamines. Epilobe ou laurier Saint-Antoine, circée.	**Onagre.** (*Onagrées.*)	29e
		Arbrisseaux à fruit mou. Groseilliers, lierre, cornouiller, gui.	**Groseilliers.** (*Grossulariées.*)	30e
(Suite.) DEUX ENVELOPPES FLORALES.	DE PLUSIEURS PIÈCES. (*Polypétales.*)	Arbrisseaux à tiges grimpantes; vrilles opposées aux feuilles.	**Vigne.** (*Sarmentées.*)	31e
		Arbrisseaux à feuilles simples, rameaux alternes; fleurs petites, *verdâtres* ou *jaunes*. Nerprun, bourdaine, houx, fusain, épine-vinette.	**Houx.** (*Rhamnées.*)	32e
		Fleurs à quatre pétales disposés en croix; six étamines, dont deux plus courtes. Colza, navet, ravenelle, moutarde, cresson, giroflée, cresson élégant, caméline, pastel, bourse-à-pasteur.	**Choux.** (*Crucifères.*)	33e
		Tiges cylindriques à nœuds, formant des articulations d'espace en espace; rameaux opposés partant des nœuds de la tige; feuilles opposées partant des nœuds; fleurs *blanches* ou *rougeâtres*. Œillet, saponaire, nielle des blés, compagnon-blanc, spergule, stellaire, lin.	**Œillet.** (*Caryophyllées.*)	34

3ᵉ DIVISION (suite).

			Fleurs *jaunâtres* peu éclatantes et en longs épis.	Réséda. Gaude. (*Copparidées.*) } 35°
			Plantes grasses, à feuilles simples, épaisses, planes ou arrondies. Sédum, joubarbe des toits.	(*Crassulées.*) } 36°
			Au bord des eaux. Tiges carrées, feuilles opposées, ayant quelque ressemblance avec celles du saule ; fleurs *rouges* disposées en anneaux rapprochés autour de la tige, formant de longs épis.	Salicaire. (*Salicariées.*) } 37°
(Suite.) DEUX ENVELOPPES FLORALES.	DE PLUSIEURS PIÈCES. (*Polypétales.*)		Feuilles opposées, en général molles, découpées; fleurs *roses* ou *blanches* ; sortant des aisselles des feuilles; corolle à cinq pétales; fruit terminé en forme de bec. Géranium, oxalis ou alléluia.	Géraniums. (*Géraniées.*) } 38°
			Corolle ordinairement à cinq pétales réguliers et étalés en rose, avec de nombreuses étamines au centre; fleurs roses, blanches ou jaunes; feuilles composées. Rosier, framboisier, ronce, aigremoine, benoîte, potentille, fraisier, pimprenelle, reine-des-prés.	Rose. (*Rosacées.*) } 39°
			Fleurs ressemblant beaucoup aux rosacées, ayant ordinairement comme elles cinq pétales réguliers et de nombreuses étamines; calice de quatre ou cinq pièces, corolle quelquefois très irrégulière ou nulle ; fleurs presque toujours *jaunes*, *blanches* ou *bleues*, rarement *rouges*; suc âcre. Renoncule, anémone, clématite, pigamon, pied-de-griffon, ancolie, pied-d'alouette.	Renoncule. (*Renonculacées.*) } 40°

(Suite.) DEUX ENVELOPPES FLORALES.	DE PLUSIEURS PIÈCES. (*Polypétales.*)	Corolle ordinairement de quatre pétales; étamines nombreuses; suc de la plante souvent jaune, quelquefois blanc; capsules des graines ordinairement terminées par un disque divisé comme une roue; calice de deux pièces caduques, ou de quatre pièces persistantes. Pavot, coquelicot, chélidoine ou éclaire, nénuphar ou volet.	**Pavot.** (*Papavéracées.*)	} 41°
		Fleurs grandes, corolle régulière à cinq pétales; étamines réunies en une espèce de colonne.	**Mauve.** (*Malvacées.*)	} 42°
		Feuilles opposées, entières, paraissant percées d'un grand nombre de petits trous; fleurs ordinairement *jaunes.*	**Mille-pertuis.** (*Hypéricées.*)	} 43°
		Corolle irrégulière, à quatre ou cinq pétales; ayant un éperon à la base, cinq étamines. Violettes, pensées.	**Violettes.** (*Violacées.*)	} 44°
		Fleurs très irrégulières, ordinairement *bleues,* quelquefois *roses* ou *blanches,* en grappes terminales, ayant un peu l'aspect des Papilionacées.	**Polygala.** (*Polygalées.*)	} 45°
		Feuilles composées, découpées, tendres ainsi que la tige; fleurs irrégulières, en grappes; corolle de quatre pétales, avec un éperon; tiges tendres.	**Fumeterre.** (*Fumariées.*)	} 46°
		Feuilles composées; corolle irrégulière, ayant ordinairement la forme d'un papillon; dix étamines, dont neuf sont souvent réunies et l'autre libre; graines renfermées dans une gousse ou légume. Pois, fèves, lentilles, vesces, gesses, haricots, lotier, trèfle, genêt, ajonc, arrête-bœuf.	**Pois. Trèfles.** (*Papilionacées* ou *Légumineuses.*)	} 47°

DESCRIPTIONS

Plantes levant sans feuilles (Acotylédones).

Nous ne dirons rien des *champignons* (*fig.* 1), si ce n'est que la plupart sont malfaisants, et quelques-uns même des poisons très violents.

Les moisissures sont des champignons très dange-

Fig. 1. — Champignon.   *Fig.* 2. — Mousse.

reux, le pain moisi est malfaisant. Les fourrages ramassés sans être assez secs se couvrent de moisissures, ce que l'on reconnaît à une poussière abondante qui s'en échappe lorsqu'on les remue. Ils doivent être secoués avec soin avant d'être donnés aux animaux, ou encore arrosés avec de l'eau salée qui peut amoindrir les effets nuisibles des moisissures.

Les *mousses* (fig. 2) sont mauvaises dans nos prairies ;
on les détruit au moyen des desséchements, des engrais, de la chaux, des cendres, de la suie.

Les *fougères* (fig. 3) peuvent faire de bonne litière,

Fig. 3. — Fougère. *Fig.* 4. — Algue.

mais nous chercherons à les détruire en labourant
profondément et en fumant fortement. Leur présence
annonce presque toujours une terre douce et profonde.

Les *algues* (fig. 4), plantes marines connues sous la

dénomination générale de *goëmon*, sont recueillies en grande quantité sur nos côtes et servent à fertiliser les terres. — Ce sont de très bons engrais.

La *prêle* ou queue-de-cheval (*fig.* 5) annonce les terres humides.

Nous ne ferons que nommer la *lentille d'eau*, et les autres *naïadées* qui couvrent les mares en certaines saisons.

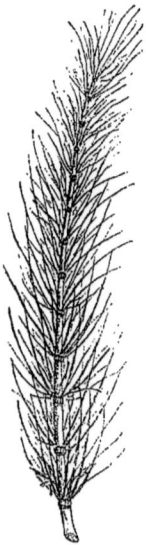

2° DIVISION.

Plantes levant avec une feuille (Monocotylé- dones).

Tiges poreuses, à fibres longitudinales, n'ayant point de rayons partant de la moelle, pas d'écorce proprement dite. Feuilles à nervures parallèles, graines ne contenant ordinairement point d'huile et renfermant presque toujours une matière farineuse très nutritive. C'est dans cette grande division que nous trouverons les céréales et la plupart des herbes de nos prairies.

Fig. 5. — Prèle.

1. — FAMILLE DU FROMENT (*Graminées*).

La tige, ou chaume, ordinairement creuse, est entrecoupée de nœuds solides, d'où partent des feuilles allongées qui l'entourent à la base comme une espèce de gaine fendue longitudinalement. Les fleurs sont disposées en épis plus ou moins lâches ; les étamines et les pistils sont entourés d'une enveloppe à laquelle on a donné le nom de *balles*.

Les racines des graminées sont fibreuses ou traçantes ; les tiges et les feuilles sont plus ou moins sucrées. C'est à cette famille qu'appartient la canne à sucre. Les tiges sont recouvertes d'une espèce de vernis siliceux qui les protège contre l'humidité.

Le *froment* (*fig.* 6), dont nous cultivons plusieurs espèces, à barbes ou sans barbes, d'hiver ou de printemps, fournit la base de la nourriture de l'homme. Son grain contient de la fécule et du gluten, celui-ci, matière très nourrissante, qui se rapproche des matières animales, est indispensable à la fabrication du pain. Plus le froment contient de gluten, plus il est nourrissant.

Ses feuilles, très allongées et d'un beau vert, sont pourvues au sommet de la gaine d'une collerette intérieure qui enveloppe toute la tige.

Les espèces et variétés de froment sont si nombreuses que nous n'entreprendrons pas même de les nommer. Nous dirons seulement que l'épeautre se distingue par les balles qui se soudent sur

Fig. 6. — Froment.

le grain, comme dans la plupart des orges, en sorte qu'il donne un son plus épais.

Le *seigle* (*fig.* 7) a des variétés moins nombreuses, ou du moins qui diffèrent peu entre elles. Son grain fait un pain nourrissant et d'une facile digestion. Sa paille est la moins bonne pour la nourriture du bétail

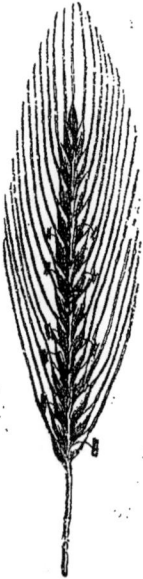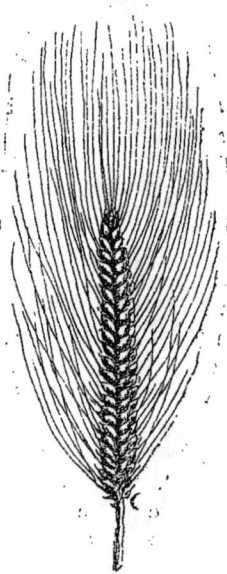

Fig. 7. — Seigle.   Fig. 8. — Orge.

et pour la confection des fumiers. Ses feuilles, d'un vert glauque, n'ont point de petite collerette.

Il réussit surtout dans les terrains sablonneux et secs ; on le cultive aussi pour fourrage printanier.

Les nombreuses variétés d'*orge* peuvent se diviser en deux espèces principales : les orges nues et celles dans lesquelles les balles se soudent sur le grain ; dans ces *dernières*, l'arête ou barbe qui termine le sommet de la balle, se trouve persister au sommet du grain. Aussi est-on obligé de l'ébarber après le battage.

Les feuilles sont un peu moins allongées que celles du froment et presque toujours d'un vert moins foncé ; leur petite collerette est plus large et plus transparente.

L'orge fait du pain d'une qualité fort inférieure. Elle entre dans la fabrication de la bière.

L'*avoine* (fig. 9) a aussi de nombreuses espèces et variétés ; elle n'est guère propre à la confection du pain. L'enveloppe du grain contient une matière un peu amère, qui est un excitant pour les che-

Fig. 9. — Avoine.

vaux. C'est la nourriture par excellence pour ces animaux, qui la digèrent avec facilité. La paille d'avoine est une des meilleures pour la nourriture du bétail à cornes.

Elle n'a pour collerette, au sommet de la gaine, qu'une petite membrane mince et transparente.

L'avoine est la plus rustique des céréales, et, quoique venant bien dans les bonnes terres, elle s'accommode de celles où les autres grains ne réussiraient pas.

Le *millet* est cultivé pour son grain, et aussi pour fourrage. Sa farine, comme celle du maïs, ne peut faire de pain que mélangée avec celle du froment.

Les tiges du *maïs*, vulgairement blé de Turquie, sont très sucrées, et forment un bon fourrage d'été pour les bêtes à cornes. Il lui faut une terre légère et chaude. Dans cette belle graminée, une grande panicule au sommet de la tige porte des fleurs à étamines dépourvues d'ovaire. A l'aisselle des feuilles, de gros épis portent au contraire des fleurs à ovaire sans étamines.

Le *sorgho* est encore une grande graminée originaire des pays chauds. Ses tiges, qui s'élèvent souvent à 2 et même 3 mètres, sont très sucrées dans quelques variétés. Il est employé pour la nourriture du bétail.

Une autre variété sert à la confection des balais et des brosses. Les graines de sorgho sont une très bonne nourriture pour la volaille.

Le *chiendent* se rapproche du froment par son organisation, mais ses graines ne sont d'aucune utilité ; ses nombreuses racines ou tiges souterraines envahissent le sol, l'épuisent, et ses tiges ne sont qu'un mauvais fourrage. Le chiendent doit donc être considéré comme une des plus mauvaises herbes.

On confond souvent sous le nom de chiendent une grande quantité de graminées traçantes qui appartiennent à d'autres genres.

Nous trouverons dans les orges et les avoines quelques espèces sauvages.

L'*avoine bulbeuse* (*fig.* 10), dite chiendent à chapelet, est une des plantes les plus nuisibles dans nos cultures ; elle se propage avec une grande facilité, et ses bulbes ne meurent que difficilement, même exposées au soleil.

L'*avoine folle* ne se multiplie pas par ses racines ; mais ses graines, qui mûrissent avant celles de l'avoine cultivée et des autres céréales, la propagent très rapidement, si on ne la coupe pas avant sa maturité. Son grain se conserve assez longtemps dans le

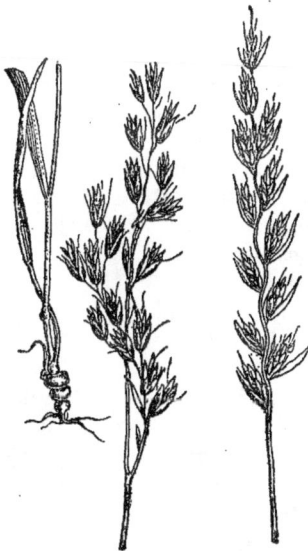

Fig. 10.
Avoine bulbeuse.

Fig. 11.
Ivraie.

sol. Elle a une tige forte, très élevée ; le grain est petit, velu et muni d'une forte arête genouillée et tordue.

L'*ivraie* (*fig.* 11) est encore une mauvaise graminée qui croît souvent dans les froments, et dont les graines ont une propriété enivrante. Elle se propage par

ses graines, qui sont très abondantes. Elle ressemble
au ray-grass; mais les tiges, les graines et les épis
sont plus gros. Elle est annuelle.

Parmi les nombreuses graminées de nos prairies,
nous distinguerons :

Le *ray-grass*, ivraie vivace, dont nous cultivons
deux variétés pour fourrage : le ray-grass d'Angle-
terre, nommé aussi gazon anglais, de moyenne taille,
feuilles lisses, toute la plante un peu dure, graines
sans barbes; le *ray-grass* d'Italie, beaucoup plus grand
que le précédent, à feuilles plus larges, d'un vert
moins foncé, graines munies d'une arête ou barbe.

Pour des gazons et des
pâturages, le ray-grass d'An-
gleterre est celui qui con
vient le mieux. Pour fourrage
à faucher deux ou trois fois
dans l'année, celui d'Italie
est préférable.

Tout près des avoines,
nous trouverons les *houlques*
(*fig.* 12) aux tiges droites,
feuillées; feuilles molles, velues ; panicule blanchâtre,
mêlée de violet. Elle fait un
assez bon fourrage.

Dans les *fléoles* (*fig.* 13),
l'espèce la plus commune
est celle des prés, timothy-
grass des Anglais. Tige éle-

Fig. 12. — Houlque.

vée souvent d'un mètre, lisse, terminée par un épi

serré, cylindrique, grêle, long. Elle forme un bon fourrage.

Pour les *vulpins*, queue-de-renard (*fig.* 14), nous dirons seulement qu'ils ont des panicules très serrées, ordinairement cylindriques; ils aiment les terrains frais, et donnent un fourrage excellent, abondant, précoce.

Fig. 13.
Fléole.

Fig. 14.
Vulpin.

Fig. 15. — Flouve.

Le *cynosure à crête*, *crételle*, a les tiges élancées, grêles, à peu près nues, l'épi d'un seul côté, formant une espèce de crête ou de brosse. D'un vert jaunâtre; prairies, juin, juillet.

La *flouve* odorante (*fig.* 15) a les tiges grêles, ainsi

que toute la plante, les feuilles aiguës, rudes, et quelquefois poilues. L'épi d'un vert jaunâtre, assez lâche,
barbu. Séchée, elle a une odeur agréable et passe
pour être indispensable dans les bons foins.

Les *agrostis* (*fig.* 16) sont très nombreuses. Leurs tiges sont en général grêles, déliées, souvent couchées.

Fig. 16. — Agrostis.   Fig. 17. — Canche.

Elles se propagent avec une grande facilité ; les vaches
les mangent volontiers.

La *canche* gazonnante (*fig.* 17), à tige forte, dure,
élevée, à panicule brillante, ne fait qu'un mauvais
fourrage.

Les *bromes* (*fig.* 18) sont très nombreux. On les rencontre dans les prairies, les champs cultivés, les bois, un peu partout. Ils ont presque tous la tige dure et ne donnent qu'un médiocre fourrage. Cependant quel-

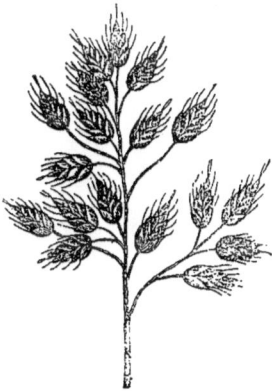

Fig. 18. — Brome.   *Fig.* 19. — Dactyle.

ques variétés font exception, si on les coupe de bonne heure.

Le *dactyle* pelotonne (*fig.* 19) a la tige droite, assez élevée, ferme, feuillée, les feuilles larges, un peu rudes, panicule d'un seul côté; rameaux inférieurs écartés, rameaux supérieurs courts, verdâtres ou violacés. Vivace, bon fourrage lorsqu'il n'est pas très avancé.

Les *fétuques* sont aussi très nombreuses et donnent en général de bon foin, si l'on n'attend pas que les tiges soient dures. Celle des prés (*fig.* 20) a une tige élevée, droite, ferme ; une panicule grande, lâche, souvent d'un seul côté, verdâtre ou violacée; vivace.

La *fétuque* flottante a de longues feuilles couchées qui

Fig. 20. — Fétuque.   *Fig.* 21. — Paturin.   *Fig.* 22. — Mélique.

couvrent la surface des eaux dès le printemps; le bétail la préfère aux autres graminées aquatiques.

Le *paturin* trivial, ou poa trivial (*fig.* 21), à la tige grêle, aux panicules étalées bien fournies, se trouve abondamment dans les prairies, les champs cultivés, les fourrages; c'est la graminée la plus commune. Une variété annuelle fait le désespoir des jardiniers, car il fleurit et graine toute l'année.

Le *paturin aquatique* ne ressemble guère aux autres espèces. Il a une tige grosse, forte, haute d'un mètre ; ses feuilles sont larges, épaisses, lisses ; la panicule est grande, brune, verdâtre ou blanchâtre. Commun le long des rivières, des fossés, des étangs.

La *mélique* uniflore (*fig.* 22) n'est d'aucune utilité comme fourrage. Commune dans les bois, elle a des tiges grêles, faibles, des feuilles poilues, les supérieures plus grandes que les inférieures. Sa panicule lâche a des épillets d'un seul côté, ils sont d'un brun rougeâtre.

La *brize* moyenne, *amourette*, *tremblante*, n'est à citer que pour son aspect remarquable : tige grêle, souvent rougeâtre du haut ; panicule lâche, à rameaux deux à deux, très grêles et laissant trembler les épillets.

La *molinie* bleue a de larges feuilles utilisées à faire des sommiers. Ses tiges grêles n'ont qu'un seul nœud à la base. Elle ne vient que dans les prés de mauvaise qualité, les landes, les bois.

Le *roseau* coloré croît au bord des rivières et des étangs ; ses tiges, droites, fermes, ont souvent plus d'un mètre ; la panicule, assez lâche, est d'un rouge violacé.

On en cultive dans les jardins une variété à feuilles rayées de blanc, connue sous le nom de *ruban*.

Le *roseau commun*, ou roseau à balais (*fig.* 23), se trouve au bord des eaux. Il a les tiges droites, élevées ; les jeunes terminées par une feuille roulée en cône.

Ses feuilles sont longues, larges, unies, coupantes. La panicule est grande, longue, bien garnie, noirâtre. On

Fig. 23. — Roseau commun.   Fig. 24. — Carex.

en fait de petits balais. Les tiges sont employées pour certaines parties des métiers à toile.

Le *riz* appartient aussi à la famille des Graminées.

2. — FAMILLE DES CAREX (*Cypéracées*).

Les tiges des *Carex* (*fig.* 24), souvent triangulaires, n'ont pas de nœuds ; les feuilles sont allongées, engainantes et souvent coupantes sur leurs bords. Les

fleurs à ovaire qui portent la graine, sont ordinairement
séparées des fleurs à étamines et placées au-dessous
de celles-ci. Très communs dans les prés humides et
marécageux. Ils ressemblent un peu aux graminées,
mais n'en ont point les qualités. Tous sont un mauvais fourrage, et on doit rejeter les foins qui en contiennent.

Nous trouverons encore dans cette même famille la
linaigrette ou lin des marais, dont on a essayé sans succès d'utiliser les soies.

Le *scirpe* des lacs, connu sous la fausse dénomination de grand jonc rond, est employé pour faire des
sièges de chaises grossières, des paillassons, et pour
garnir les douves des futailles.

3. — FAMILLE DE LA MASSETTE (*Typhacées*).

Les *Typhacées* se trouvent aussi dans les eaux et les
marécages. Elles ont l'aspect de grandes graminées sans nœuds, dont la base, d'abord verte, puis
devenant d'un brun noirâtre, est composée de pistils
serrés, tandis que le sommet porte des étamines jaunâtres.

Nous citerons : La *massette* (*fig.* 25), grande plante
commune dans les rivières et les étangs ; sa tige est
terminée par une espèce de quenouille. Ses feuilles
longues et dures sont quelquefois employées à couvrir
les toits.

Dans le *ruban d'eau,* aux tiges fermes, cylindriques,
branchues du haut, les pistils sont réunis en pe-

tites têtes à la base des rameaux, les étamines aussi en petites têtes au-dessus des premières. Ses feuilles

Fig. 25. — Massette.   Fig. 26. — Arum.

sont longues, pointues, repliées et comme triangulaires.

4. — FAMILLE DES ARUMS (Aroïdées).

L'*arum* ou *gouet* (fig. 26), à larges feuilles en forme de flèche, vertes, souvent tachées de noir, se trouve dès les premiers jours du printemps sur nos talus, au bord des haies et des bois; sa fleur est surmontée d'un pompon allongé en forme de fuseau, et renfermée dans une espèce de membrane verdâtre; les enfants le connaissent sous le nom de fuseau; sa racine contient

de la fécule, elle est âcre et purgative ; on l'emploie
aussi pour blanchir le linge.

5. — FAMILLE DES JONCS (*Joncées*).

Les *joncs* (*fig.* 27) ont par leur port quelque ressemblance avec les Graminées, mais leurs fleurs se rapprochent de celles de l'oignon.
Tous les joncs sont de mauvais
fourrages, et leur présence dans
le foin lui ôte de sa valeur, en
indiquant qu'il est d'origine
marécageuse.

Les joncs accusent un sous-
sol imperméable ; leurs racines,
dans quelques espèces, s'enfoncent très profondément, et il
est difficile de les détruire, si
on ne fait disparaître l'humidité. Les labours profonds, le
drainage, les engrais, sont les
moyens de s'en défaire.

Les joncs sont utilisés par les
jardiniers pour attacher les
tiges des plantes herbacées, et
même en été, les branches des
espaliers. Les plus employés à

Fig. 27. — Jonc.

cet usage sont : le jonc commun et le jonc des jardiniers.

6. — FAMILLE DES ASPERGES (*Asparaginées*).

Les *Asparaginées* se trouvent généralement dans

les vallées et les bois ; elles renferment des plantes
qui, au premier abord, n'ont pas une grande ressemblance entre elles. Cependant, lorsqu'on les examine
attentivement, on y trouve des rapports bien marqués,
leurs fleurs sont petites, verdâtres ou blanchâtres, en
clochettes pendantes, d'une seule pièce. Les fruits, en
baies.

Les *asperges* sont comestibles et cultivées dans la
plupart des jardins. Elles sont très nourrissantes et
d'une facile digestion.

Le *petit houx*, houx-frelon, est une plante que vous
connaissez tous ; il croît dans les bois, et on en fait
un grand usage pour les petits balais vendus à Rennes
sous le nom de *hagains*. Ses feuilles, épineuses,
dures, d'un vert très foncé, ne tombent pas en hiver,
ou plutôt ce ne sont pas des feuilles, mais bien leur
support élargi. Ils portent de très petites fleurs,
auxquelles succèdent de jolies baies rouges qui semblent naître sur une feuille. Quelques personnes
mangent ses jeunes tiges. Ses graines grillées ont le
goût du café. Sa racine, comme celle de l'asperge, est
diurétique.

Le *sceau-de-Salomon* est une assez belle plante, dont
les tiges élevées, arquées à l'extrémité, anguleuses,
simples, feuillées dans la moitié supérieure, paraissent
des premières dans les bois.

Le *muguet* des bois (*fig.* 28) est cultivé pour l'odeur
suave de ses fleurs.

Le *sceau-de-Notre-Dame* est une plante grimpante
qui se trouve dans les haies. Ses feuilles sont d'un
beau vert, brillantes et en forme de cœur allongé,

marquées de nervures ; les étamines et les pistils
sont sur des pieds différents ; les fleurs sont petites,
verdâtres, en grappes, les baies
rouges.

L'*igname de Chine*, cultivé
pour ses racines comestibles,
ressemble beaucoup au sceau-
de-Notre-Dame.

7. — FAMILLE DES OIGNONS
(*Liliacées*).

On cultive comme plantes
d'ornement, ou comme plantes
potagères, un grand nombre de
liliacées. Les feuilles sont engaînantes ; la corolle est à six divisions, six étamines et un pistil ;
le fruit en capsule. La racine

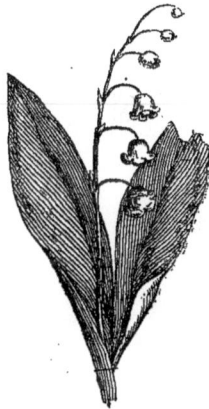

Fig. 28. — Muguet.

est bulbeuse dans toutes les espèces que nous citons ici.

Les *lis*, les *tulipes* sauvages et cultivées, les *jacinthes*,
les *scilles* (*fig.* 29), dont les fleurs bleues et penchées se
montrent dans les bois en avril et mai, la *scille* au-
tomnale qui fleurit en août, n'ont aucune utilité
pour nous. Leurs belles fleurs les font rechercher ;
mais, au point de vue agricole, elles ne présentent
aucun intérêt.

L'*ail* (*fig.* 30), employé comme assaisonnement et
cultivé dans les jardins, est assez connu pour nous
dispenser d'en faire une description.

On en trouve différentes espèces dans les prairies

et dans les terres cultivées ; leurs fleurs en tête sont presque toujours entremêlées de bulbes, qui parfois, récoltées avec le froment, communiquent au pain un mauvais goût.

Fig. 29. — Scille.   Fig. 30. — Ail.

Les vaches mangent assez volontiers les feuilles des espèces qui croissent dans les prairies, mais elles donnent au lait une saveur désagréable.

Nous emploierons donc tous les moyens pour nous débarrasser de cette plante, en coupant les têtes avant leur maturité et en faisant ramasser les oignons derrière la charrue.

Il est inutile de décrire l'*oignon*, les *ciboules*, les *échalotes*, plantes cultivées dans tous les jardins.

Les *narcisses*, les *perce-neige*, qui forment une division de cette famille, ne sont que des plantes d'agrément.

8. — FAMILLE DES IRIS (*Iridées*).

Les *Iridées* sont voisines des oignons ou *Liliacées*. Leur port est à peu près le même; mais elles n'ont que trois étamines.

Nous remarquerons principalement l'*iris* des jardins, *flambe*, à belles fleurs violettes (*fig.* 31). On le cultive comme plante d'ornement; il croît sur les murailles et sur les chaumières. Sa racine, en souche allongée, charnue, a une odeur de violette bien marquée, après la dessiccation. On l'emploie dans la lessive pour donner au linge une odeur agréable.

L'*iris jaune*, *glaïeul des marais*, est très commun au bord des mares et des rivières. Sa tige, haute d'environ 1 mètre, est terminée par trois à six fleurs jaunes marquées de lignes noires. Ses feuilles, très longues, embrassent la tige. On en fait des liens pour le jardinage et pour les vignes. On en a employé la graine pour remplacer le café.

L'*iris fétide*, *iris-gigot*, est ainsi nommé parce que ses feuilles, froissées entre les doigts, exhalent une odeur de gigot de mouton. Il est plus petit que les espèces précédentes; ses fleurs ne sont qu'au nombre de deux à trois, d'un gris bleuâtre mêlé de lignes noires; ses graines sont d'un très beau rouge ;

il croît dans les haies, dans les bois et particulièrement dans les terres calcaires.

Fig. 31. — Iris.   *Fig.* 32. — Orchis.

Le *safran* est cultivé dans le Midi pour les longues
branches de son pistil, d'un beau jaune orangé, employées dans les pharmacies. Sa corolle est d'un joli
lilas, ses feuilles sont étroites.

Le *colchique* d'automne, *tue-chien*, safran bâtard, se
rapproche tellement du safran par l'aspect que nous
le placerons ici.

Il est très commun dans les prairies humides, surtout sur les fonds calcaires.

De son oignon, très profondément enfoncé en terre, s'élève en automne une fleur aux teintes lilas, sans feuilles.

Au printemps suivant, les feuilles, amples et allongées, sortent à leur tour, portant, au milieu de leur faisceau, le fruit en capsule de la saison précédente.

Cette plante est très nuisible dans les prairies, son suc est dangereux.

Les *glaïeuls* ont des fleurs violacées, roses ou rouges, disposées en épi d'un seul côté et à corolle irrégulière.

9. — FAMILLE DES ORCHIS (*Orchidées*).

Les fleurs des *orchis* (*fig*. 32) sont irrégulières, souvent très élégantes, très variées de formes et de couleurs, disposées en épis lâches ; les feuilles sont engaînantes, les tiges grosses comme dans les Liliacées, et pourvues à leur base d'un tubercule succulent.

Jusqu'à présent ces belles plantes, connues sous le nom de *pentecôtes*, n'ont pu se plier à la culture. Elles croissent à peu près dans tous les terrains ; cependant elles préfèrent ceux qui contiennent du calcaire ; comme fourrages, elles seraient plutôt nuisibles qu'utiles.

Nous trouverons communément l'*orchis à deux feuilles* dans les bois ; l'*orchis mâle*, à feuilles larges et tachées, à fleurs purpurines en épis allongés, dans les prés secs, les bois, les pâturages.

L'*orchis brûlé*, à fleurs d'un pourpre noirâtre, croît en juin, dans les prairies.

L'*orchis à odeur de bouc*, assez rare, se trouve dans

les lieux secs et sur le calcaire ; sa fleur exhale une odeur de bouc bien marquée.

L'*orchis taché* fleurit en juin et juillet dans les prés et les bois humides ; fleurs d'un blanc rosé avec des taches purpurines.

Nous comprendrons, dans les *orchis*, les *ophrys* des botanistes, et nous citerons, comme les plus remarquables, l'*orchis mouche* et l'*orchis araignée*, en avril et mai, sur les pelouses calcaires ; l'*orchis en spirale*, que l'on trouve en automne dans les landes, les terres incultes, et dont les fleurs blanchâtres, disposées en spirale, ont une odeur agréable, rappelant un peu celle de la vanille.

La *vanille* est le fruit d'une orchidée qui ne croît pas dans notre climat.

Les tubercules de quelques espèces étrangères donnent une fécule nourrissante connue sous le nom de *salep*.

10. — FAMILLE DU PLANTAIN D'EAU, DE LA SAGITTAIRE (*Alismacées*).

Fig. 33. — Sagittaire.

Les plantes de cette famille croissent toutes dans les eaux ou sur leurs bords. Les fleurs n'ont que trois pétales. Nous citerons, comme les plus apparentes, le *plantain d'eau*, dont les larges feuilles ressemblent un peu à celles du plantain commun, la *sagittaire*, à feuilles en flèche (*fig.* 33), et le *jonc fleuri* ou *butome*, qui élève au-dessus des eaux une jolie ombelle de fleurs rosées.

3ᵘ DIVISION.

Plantes qui lèvent avec deux feuilles (Dicotylédones).

Cette classe est la plus nombreuse, et les végétaux qui la composent ont une organisation plus parfaite que celle des deux autres divisions. Elle renferme la plupart de nos arbres et les grandes familles les plus utiles après les céréales.

Les deux premières feuilles ou cotylédons, ou feuilles séminales, ne ressemblent point à celles qui viennent ensuite. C'est lorsque les plantes n'ont encore que ces premières feuilles qu'elles sont le plus délicates et le plus exposées à être détruites par les insectes, la pluie, etc. Aussi nous devrons activer, autant que possible, la végétation de nos semis, pour hâter le développement des feuilles proprement dites.

1. — FAMILLE DES LAURÉOLES (*Daphnées*).

Le *daphné lauréole* est un arbrisseau à feuilles persistantes, d'un vert brillant; écorce des tiges grise; fleurs d'un jaune verdâtre, à odeur douce assez agréable, paraissant dès le mois de février; baies noires; se trouve dans les bois et dans les haies.

Cette plante est vénéneuse et on doit s'en défier, comme de toutes celles de la même famille.

Les *aristoloches* sont voisines de ce groupe.

2. — FAMILLE DES ORTIES (*Urticées*).

Plantes à feuilles couvertes de poils rudes, fleurs verdâtres, celles à étamines et celles à pistils sur le même
pied ou sur des pieds différents.

Dans les *orties*, les poils sont pourvus à leur base
de tubercules glanduleux d'où s'écoule un suc caustique qui produit une forte démangeaison.

Nous trouverons sur les terreaux et les décombres
la *petite ortie* ou *ortie brûlante, ortie griéche*; elle est
annuelle; les fleurs à étamines et celles à pistils sont
sur le même pied.

La *grande ortie*, vivace, beaucoup plus grande, feuil-
les aussi plus grandes, aiguillons moins forts, moins nombreux que dans l'espèce précédente, est très com-
mune dans les lieux in-
cultes, les décombres, les haies, les buissons.

Les bêtes à cornes la mangent; cuite, elle est une bonne nourriture pour les porcs. On la conseille comme fourrage; son écorce donne une filasse dont on peut faire de la toile.

Fig. 34. — Houblon.

Le *houblon* (*fig.* 34), à
tige volubile ou s'enroulant autour des arbres et des

autres appuis qu'elle rencontre ; feuilles grandes, un peu rudes, d'un vert très foncé, ayant quelque ressemblance avec celles de la vigne, tout en étant plus petites ; les fleurs à étamines, en grappes, et celles à pistils sur le même pied ; ces dernières disposées en cônes et fleurissant en juillet.

Les jeunes pousses du houblon se mangent comme les asperges. Ses fleurs en cônes sont amères et toniques ; elles servent principalement à la fabrication de la bière. On le cultive en grand pour cet usage.

Le *chanvre* est trop connu des cultivateurs pour exiger une description. — Nous dirons seulement que les fleurs à étamines et celles à pistils ne se rencontrent pas sur le même pied ; celles à pistils qui portent la graine doivent être désignées sous le nom de fleurs femelles, et, dans nos campagnes, on nomme, au contraire, chanvre mâle celui qui produit la graine. Toute cette plante exhale une forte odeur, légèrement narcotique.

On sait que les fibres du chanvre servent à faire de la toile. Semé épais, il ne vient pas très grand et donne une filasse plus fine ; semé plus clair, comme on le fait sur les bords de la Loire, par exemple, il acquiert une grande élévation et convient particulièrement pour les cordages.

On extrait de sa graine, connue sous le nom de *chènevis*, une huile fort répandue dans le commerce.

La *pariétaire*, qui croît le long des murs, est encore de la même famille.

3.

3. — FAMILLE ,DU SARRASIN, DU POIVRE D'EAU, DE
L'OSEILLE (*Polygonées*).

Les tiges de ces plantes sont noueuses; leurs feuilles, garnies d'une espèce de gaine à la base, sont roulées en dessous dans leur jeunesse; les graines, triangulaires ou quelquefois en forme d'œuf.

Nous ne décrirons pas le *sarrasin* aux agriculteurs
bretons. Nous leur ferons seulement remarquer qu'il
y en a de deux espèces :

Le *sarrasin commun*, ou blé noir, dont la farine fait
un pain grossier, et qui, dans notre pays, se pré-
pare principalement en galettes.

Le *sarrasin de Tartarie*, dont les fleurs verdâtres
sont disposées en grappes lâches naissant dans les
aisselles des feuilles, tandis que dans le sarrasin
commun elle sont réunies en tête. — Ses feuilles sont
plus larges, le grain est plus gros, a des angles
dentés et un peu rugueux.

Il est plus rustique que le sarrasin commun,
moins sensible à la gelée,

Fig. 35. — Renouée.

mais son grain est moins estimé et en général employé pour la nourriture des animaux.

Les *vrillées bâtardes*, qui croissent dans les buissons et les terres cultivées, ressemblent au sarrasin par les feuilles et un peu par la graine ; mais elles sont grimpantes.

La *renouée* (*fig.* 35), dont les tiges minces, traînantes, noueuses et les petites feuilles tapissent souvent nos cours et les rues peu fréquentées, croît aussi dans les terres cultivées. Ses fleurs sont petites, verdâtres, quelquefois mêlées de rouge.

Les vaches la mangent volontiers, et, lorsqu'elle croît dans les champs, elle s'élève souvent assez pour être fauchée. Elle est légèrement astringente.

Les *poivres d'eau*, les *persicaires*, connus en général sous le nom de curage, sont des plantes plus ou moins âcres et nuisibles aux animaux, qui ne les mangent que difficilement. Elles croissent le plus ordinairement dans les lieux humides, dans les fossés desséchés, sur les vases qu'on a retirées des mares ou des fossés, et même, quelques espèces, dans les eaux tranquilles.

Leurs tiges sont noueuses, les fleurs réunies en épis serrés, roses ou rouges, et leurs feuilles allongées, souvent tachetées de noir.

La *patience* ou *parelle*, qui a de nombreuses espèces, est une des plantes les plus nuisibles dans nos champs. Ses racines, fortes et vigoureuses, peuvent rester longtemps exposées à l'air sans périr.

Les tiges, les fleurs, les graines, les feuilles, longues et entières, ont quelque ressemblance avec l'oseille, si ce n'est que toute la plante est plus grande et les feuilles plus allongées.

L'espèce qui croît au bord des eaux est encore plus grande, mais insignifiante pour nous.

Les graines de la parelle sont très nombreuses et doivent être enlevées avec soin avant leur maturité. On ne peut détruire les racines qu'en les arrachant et ne les laissant pas sur le sol où elles reprendraient infailliblement; elles sont toniques, on en fait des tisanes.

L'*oseille* est une plante potagère que vous connaissez tous.

Les petites espèces, que l'on rencontre dans les champs, croissent ordinairement sur les terrains secs et maigres; elles font un mauvais pâturage.

La *rhubarbe*, dont la racine est employée en médecine, appartient à cette famille.

4. — FAMILLE DES BETTERAVES (*Atriplicées*).

Quelques Atriplicées ont un peu le port des orties; mais les étamines et les pistils sont le plus souvent réunis dans la même fleur. Les feuilles sont lisses, simples, disposées en quinconce; les fleurs sont petites, verdâtres.

La *betterave*, cultivée comme légume et surtout comme nourriture pour les animaux, a de très nombreuses variétés, qui se distinguent principalement par des différences de forme ou de couleur dans la racine.

Elle est aussi cultivée en grand pour la fabrication du sucre et de l'alcool. Les soins de sarclage, de binage et les engrais abondants qu'elle exige donnent

à sa culture une grande importance pour l'améliora-
tion du sol. Si elle demande beaucoup d'engrais, elle
donne aussi le moyen d'en faire beaucoup, car les ré-
sidus des sucreries et des distilleries sont employés
avec avantage à la nourriture du bétail. Utilisée tout
simplement pour cet usage, elle est encore une des
nourritures d'hiver les plus économiques. Ses produits sont énormes, et elle se conserve très facilement.

Parmi ses nombreuses variétés, nous citerons : la
betterave-disette, très rustique et qui acquiert un
volume énorme ; la *betterave blanche* de Silésie et la
betterave jaune globe. Ces
deux dernières sont plus
sucrées que la disette et
conviennent mieux pour
la fabrication du sucre et
de l'alcool ; elles sont aussi
plus nutritives.

L'*épinard* est une plante
potagère dont les étamines
et les pistils sont séparés
dans des pieds différents.

On le cultive dans pres-
que tous les jardins.

Le *ansérines* ou *chéno-
podes* (*fig.* 36) et les *arro-
ches*, que nous trouvons encore dans cette famille,
sont très communes ; mais

Fig. 36. — Ansérine.

leurs nombreuses espèces, difficiles à déterminer, ne

peuvent toutes être considérées que comme des plantes nuisibles. — Elles croissent ordinairement dans les
champs cultivés, sur les terreaux, le long des murs.
Leurs graines, très abondantes, les propagent à l'in-
fini. Les animaux ne les mangent pas, et on doit les
bannir des fourrages.

Nous ne nous occuperons pas des *amarantes*, qui
sont très voisines de ce groupe.

5. — FAMILLE DES EUPHORBES (*Euphorbiacées*).

Ces plantes sont toutes caustiques, purgatives et
nuisibles; la plupart contiennent un suc âcre et laiteux. Quelques espèces croissent dans les champs
cultivés et se mêlent aux fourrages; on doit les arracher avec soin et ne jamais les donner aux animaux.

Elles sont d'un jaune verdâtre, celles à étamines et
celles à pistils se rencontrent quelquefois sur le même
pied, quelquefois sur des pieds différents.

Nous citerons l'*euphorbe réveille-matin* comme une
des plus communes. Elle est annuelle et croît dans
les lieux cultivés. Son suc laiteux est caustique, ses
fleurs sont jaunâtres et disposées en espèces d'ombelles à cinq rayons. Elle fleurit en été.

L'*euphorbe des bois* est vivace, beaucoup plus grande
que le réveille-matin; ses feuilles sont d'un vert
foncé, rougeâtres, oblongues; sa tige, simple et penchée à la partie supérieure; ses fleurs, d'un vert
jaune, sont aussi en ombelle; elle a un suc laiteux
caustique. On la trouve communément dans les bois
et les lieux ombragés.

L'*épurge* (*fig.* 37) est la plus grande de cette famille ; ses tiges s'élèvent quelquefois jusqu'à 1^m, 50 et
plus. Elle croît dans les jardins, les lieux cultivés, sur
les terreaux, les décom-
bres. Sa couleur bleuâ-
tre, ses feuilles opposées
très allongées et fermes,

Fig. 37. — Épurge.

Fig. 38. — Mercuriale.

lui donnent un aspect tout particulier. L'enveloppe de
ses graines est élastique et les lance au loin. On ne la
trouve guère que dans le voisinage des habitations.

La *mercuriale* annuelle ou *ramberge* (*fig.* 38) a des
pieds portant les fleurs à étamines, et d'autres les
fleurs à pistils ; les fleurs à étamines, vertes, en épis
allongés, partant de l'aisselle des feuilles ; les fleurs à
pistils, vertes aussi et en grappes courtes.

Elle est nuisible, comme toutes les plantes de cette famille. Les vaches la mangent quelquefois, surtout après les premières gelées ; mais elle occasionne de graves accidents, et principalement des pissements de sang. Dans les fourrages de fin d'été et d'automne, tels que le maïs, les petits pois, la moutarde, elle lève quelquefois en si grande quantité, qu'on est forcé de renoncer à les donner aux animaux.

L'espèce vivace croît dans les lieux ombragés, et ses propriétés sont à peu près les mêmes que celles de la *ramberge*.

Le *buis*, arbrisseau toujours vert, dont le bois, dur et d'une belle couleur jaune, est très recherché des tourneurs, appartient aussi à cette famille.

6. — FAMILLE DU JASMIN (*Jasminées*).

Arbres ou arbrisseaux d'un aspect agréable, à feuilles et à rameaux ordinairement opposés, à fleurs en panicule, presque toujours blanches et odorantes. Corolle régulière tubuleuse, deux étamines.

Le *jasmin* est un arbrisseau d'ornement, à tiges flexueuses, à fleurs blanches monopétales, et d'une odeur très agréable.

Le *troène*, très commun dans nos haies, nos buissons, conserve quelquefois ses feuilles dans les hivers doux. — Fleurs blanches, en grappes ; baies noires.

On fait des bordures avec cet arbrisseau, et ses tiges flexueuses peuvent servir à fabriquer des paniers.

Les *lilas* ne sont que des arbustes d'ornement. Certaines espèces se greffent sur le troène.

7. — FAMILLE DES PLANTAINS (*Plantaginées*).

Les *plantains*, quoique à feuilles ordinairement grandes, ne sont pas de mauvais fourrages. Tiges simples, nues; feuilles partant de la racine et à nervures très prononcées.

Le *plantain* lancéolé, vulgairement *herbe à cinq coutures*, est surtout commun dans les prés secs. Ses feuilles ont de trois à cinq nervures ; les épis sont

Fig. 39. — Grand plantain.　　　Fig. 40. — Pervenche.

courts, serrés, noirâtres, et les petites fleurs d'un gris sale avec les étamines saillantes et blanches.

Le *grand plantain* (*fig.* 39), à fleurs disposées en longs épis et à feuilles larges, est commun dans les jardins, les cours, le long des chemins, sur les pelouses.

Le *plantain corne-de-cerf* croît dans les terrains secs ; il a les feuilles découpées en corne de cerf, épaisses, étalées en rosette.

8. — FAMILLE DES PERVENCHES (*Apocynées*).

Tiges presque ligneuses, feuilles opposées, entières, coriaces ; corolle à cinq divisions obliques ; suc âcre et stimulant.

La *pervenche* (*fig.* 40) n'est remarquable que par ses belles fleurs bleues, qui se montrent en avril et mai, dans les haies, les buissons et les clairières des bois.

9. — FAMILLE DES GENTIANES (*Gentianées*).

Tiges herbacées, feuilles opposées, entières : corolle tubuleuse, régulière.

Fig. 41. — Gentiane bleue.   *Fig.* 42. — Trèfle d'eau.

Toutes, ou à peu près, sont amères, toniques et fébrifuges. Elles sont insignifiantes comme plantes de grande culture.

La *gentiane bleue* (*fig.* 41) fleurit dans les landes ; la *gentiane centaurée,* vulgairement *petite centaurée*, à fleurs roses ou blanches, est employée en tisane comme fébrifuge et stomachique.

La *chlore*, assez rare, à fleurs jaunes, croît plus particulièrement sur les sols calcaires.

Le *trèfle d'eau* ou *ményanthe* (*fig.* 42), dont les grandes feuilles, qui se montrent aux bords des eaux, ont la forme d'un trèfle, et dont les belles fleurs, d'un blanc rougeâtre, paraissent en avril et mai, est un très bon fébrifuge.

10. — FAMILLE DES PRIMEVÈRES (*Primulacées*).

La plupart fleurissent dès le premier printemps. Feuilles simples et entières ; fleurs souvent jaunes, ou blanches, ou rosées ; corolle en roue ou en coupe prolongée en tube. Étamines en nombre égal à celui des lobes de la corolle et placées devant chacun d'eux.

Les *primevères* (*fig.* 43) ont les fleurs jaunes et sont vulgairement connues sous le nom de *coucou* ; les enfants en font des pelotes pour leurs jeux.

Une espèce croît dans les bois, et l'autre plus particulièrement dans les prés. On a obtenu dans les jardins de nombreuses variétés par les semis. On les regarde comme pectorales.

Nous citerons encore dans cette famille l'*hottone*, ou *mille-feuille aquatique,* dont les feuilles découpées sont inondées, et dont les fleurs blanches ou rosées, et

disposées par étages sur la tige, se dressent élégantes
au-dessus des eaux, en mai et juin.

La *lysimaque* vulgaire (*fig.* 44), dont les beaux bouquets de fleurs jaunes se montrent aux bords des eaux
ombragées.

La *lysimaque* nummulaire, *herbe-aux-écus* ; à tiges
couchées, à fleurs jaunes.

Enfin le *mouron* des champs, aux petites fleurs rouges

Fig. 43. — Primevère.   *Fig.* 44. — Lysimaque.

ou bleues, quelquefois rosées, dont les graines sont,
dit-on, un poison pour les serins. Il ne faut pas le
confondre avec l'*alsine*, dit *mouron des oiseaux, mor-*
geline, qui est de la famille des Caryophyllées.

11. — FAMILLE DES LISERONS (*Convolvulacées*).

Les *liserons*, vulgairement *liornes*, sont des plantes grimpantes, à feuilles simples et alternes, à fleurs en cloche, d'une seule pièce, à cinq divisions, souvent plissées sur les angles avant l'épanouissement, et à cinq étamines.

Le *liseron* des champs nuit aux moissons, en s'enroulant autour des plantes ; ses racines sont très difficiles à détruire ; ses fleurs sont blanches avec des bandes rosées.

Le *liseron* des haies (*fig.* 45) est plus grand, ses fleurs sont d'un blanc pur.

Fig. 45. — Liseron.   Fig. 46. — Cuscute.

La *cuscute*, vulgairement *teigne* (*fig.* 46), a les tiges rougeâtres, fines comme du crin et s'enroulant autour des genêts, des ajoncs, de la luzerne, des trèfles, sur lesquels elle vit en enfonçant ses suçoirs dans leurs tiges. Ses fleurs, d'un blanc jaunâtre, en paquets, sont très petites. Elle est un fléau pour les luzernières et les trèfles ; il faut presque toujours les détruire lorsqu'elle s'y est établie.

12. — FAMILLE DES POMMES DE TERRE (Solanées).

Aspect sombre, odeur désagréable, corolle régulière à cinq divisions. Cinq étamines soudées entre elles par leurs têtes et un fruit en baie ; ou, dans quelques espèces, les étamines libres et le fruit en capsule.

Les plantes de cette famille sont narcotiques et on doit s'en défier. Les animaux ne les mangent pas.

Cependant, la *pomme de terre* est une des plantes les plus utiles après le froment. Ses tubercules farineux conviennent à la nourriture de l'homme et des animaux, et, comme on l'a souvent dit, c'est un pain tout fait ; mais ses tiges et ses feuilles ont quelque chose des propriétés de la famille, et ne sont pas bonnes pour la nourriture des bestiaux.

Les variétés de pommes de terre sont très nombreuses, et chaque jour les semis les augmentent encore.

La *pomme de terre* est originaire de l'Amérique du Sud. On en retire de la fécule, une espèce de sucre et de l'alcool.

La *tomate* de nos jardins, le *piment*, appartiennent à cette famille.

La *douce-amère*, dont les fleurs bleues ou violettes ressemblent, pour la forme, à celles de la pomme de terre, croît dans les haies et les buissons des terrains humides. Aux fleurs succèdent des baies rouges. Ses tiges grimpantes ont un goût douceâtre ; on les emploie en tisanes rafraîchissantes.

La *morelle*, qui n'est qu'annuelle, et dont les tiges s'élèvent peu, a les fleurs blanches, les baies noires. Elle croît sur les fumiers, le long des murs et dans les endroits cultivés ; elle exhale une légère odeur de musc assez désagréable.

La *belladone*, très rare, est dangereuse, et cependant utilisée en médecine.

La *pomme épineuse*, ou *datura,* annuelle, grande, branchue, à larges feuilles, longues fleurs blanches ou violettes, capsule grosse comme une noix, couverte d'épines, croît dans les lieux sablonneux, dans les cours, sur les décombres, est vénéneuse et très malfaisante.

La *jusquiame* (fig. 47) est aussi nuisible que la précédente. Ses tiges sont grosses, couvertes de poils cotonneux, ainsi que toute la plante, qui est fétide et visqueuse ; fleurs d'un seul côté, assez grandes, d'un jaune sale avec quelques veines rougeâtres ; dans les cours, les lieux cultivés et sablonneux, le long des chemins.

Le *tabac* (fig. 48), plante vireuse, purgative, dont la fumée est enivrante, appartient encore à cette famille. On le cultive en grand, et, malgré ses propriétés malfaisantes, il s'en fait une consommation considérable.

Les *molènes* n'ont point l'aspect ni les propriétés de cette famille. Cependant elles en font partie, d'après

quelques botanistes. D'autres les classent dans les
Scrofulariées. Leurs espèces et variétés sont nombreuses. Nous citerons seulement le *bouillon-blanc*, à

Fig. 47. — Jusquiame.   *Fig*. 48. — Tabac.

feuilles grandes, blanchâtres, cotonneuses et comme
feutrées, ainsi que la tige ; fleurs jaunes, assez
grandes, disposées en long épi ou espèce de quenouille,
s'élevant à 1 mètre, 1^m, 50 et plus. Ses feuilles sont
émollientes.

13. — FAMILLE DE LA BOURRACHE (*Borraginées*).

La plupart velues, et même quelquefois rudes ; axe
des fleurs souvent roulé en crosse ; corolle presque
toujours régulière, d'une seule pièce, à cinq divisions,

92DESCRIPTIONS.

cinq étamines; 4 graines nues au fond du calice; —
presque toutes pectorales et adoucissantes.

La *bourrache*, dont les tiges creuses et les feuilles
larges sont rudes, ainsi que toute la plante, croît dans
les lieux cultivés. Ses fleurs, d'un beau bleu, quelquefois blanches ou rosées, sont assez grandes et en
étoile. Les *buglosses* ont aussi des fleurs bleues ou
violettes.

Les *myosotis*, *Ne-m'oubliez-pas* (fig. 49), ont de char-

Fig. 49. — Myosotis.   Fig. 50. — Vipérine.

mantes petites fleurs d'un beau bleu d'azur à gorge
jaune. — Celui des marais est presque lisse. Quelques
variétés des champs ont les feuilles velues.

4

La *grande consoude*, à fleurs blanches, jaunâtres ou
rouges, a les feuilles allongées, rudes, pointues, se
prolongeant le long de la tige. Sa tige est grosse et
sillonnée; fleurit en mai et juin dans les lieux humides. Les animaux la mangent volontiers, et on en
a cultivé une espèce comme fourrage. — Ses racines,
à peau noire, grosses et charnues, sont regardées
comme astringentes.

La *vipérine* (*fig*. 50), dont la présence indique ordinairement les terrains calcaires, est une grande
plante à tiges fortes, élevées, rudes, tachées; feuilles
allongées, rudes, surtout en dessus; fleurs en épi,
bleues, quelquefois rosées, croît aussi sur les murailles.

Nous ne dirons rien de l'*herbe-aux-perles*, ni de la
pulmonaire. Cette dernière est assez remarquable par
ses feuilles velues, souvent tachetées de blanc, par
ses fleurs bleues, qui paraissent en avril dans les haies
et les bois.

14. — FAMILLE DES BRUYÈRES (*Éricinées*).

Tiges dures et boiseuses; feuilles petites, souvent
rassemblées par trois ou quatre. Fleurs roses, ou d'un
blanc rosé; corolle à quatre ou cinq divisions plus ou
moins profondes.

Les *bruyères* (*fig*. 51) croissent dans les terres incultes; leurs tiges dures et sèches sont souvent employées en litière; mais elles ne font qu'un médiocre
fumier. Elles contiennent des matières astringentes et
sont d'une décomposition lente. Quelques espèces sont

utilisées pour faire des balais. Elles ne peuvent servir
de nourriture pour les animaux. Leurs fleurs, rouges

Fig. 51. — Bruyère.   Fig. 52. — Verveine.

ou roses, ont un aspect élégant et agréable. — Dans
les landes, elles fleurissent tout l'été.

15. — FAMILLE DES VERVEINES (*Verbénacées*).

Tiges dures, carrées; feuilles opposées, simples;
fleurs violacées, tubuleuses, irrégulières.

La *verveine* (*fig.* 52) est vulgairement connue sous
le nom d'*herbe-aux-sorciers*. — On la trouve le long des
chemins, dans les cours, et presque toujours dans

le voisinage des lieux habités. Elle a les tiges carrées,
dures, rameuses ; les feuilles opposées, ridées ; les
fleurs bleuâtres, petites, cn épis terminaux, grêles
et effilés.

16. — FAMILLE DE LA DIGITALE ET DE LA SCROFULAIRE
(*Scrofulariées*).

Fleurs irrégulières à cinq divisions inégales, entou-
rées de petites feuilles ou bractées.

La *digitale pourprée, gant-de-Notre-Dame, gantelée*
(*fig.* 53), dont les enfants s'amusent à se faire des doigts
de gants, est une grande et belle plante, à feuilles
molles, velues, grisâtres en dessous. Les fleurs penchées sont souvent disposées en épi lâche, d'un seul
côté. à corolle d'un pourpre rose, élegamment tigrée
à l'intérieur. La digitale est un poison ; cependant
on l'emploie à petite dose pour modérer la circulation du sang. Elle croît dans les lieux secs, pierreux,
sur les talus.

En général, la chaux produit un bon effet sur les
terres où on rencontre abondamment la digitale. Tou-
tefois, on ne peut pas donner cet indice comme
certain.

La *scrofulaire* (*fig.* 54), vulgairement *herbe-de-siège*,
est grande, à feuilles opposées, grandes, dentées ;
tiges carrées, lisses, ainsi que toute la plante, qui est
de couleur pourpre obscur. Les fleurs en grappes terminales, d'un rouge noirâtre, se montrent en juin et
juillet. On la trouve dans les lieux couverts, les endroits frais, le long des fossés. Son nom lui vient

de ce qu'on l'a crue un bon remède contre les scro-
fules.

La *gratiole*, *herbe-au-pauvre-homme*, croît au bord
des eaux et des fossés, dans les prés humides. Elle est

Fig. 53. — Digitale pourprée.   *Fig.* 54. — Scrofulaire.

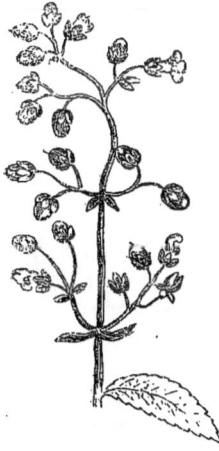

fortement purgative; ses feuilles sont opposées, marquées de trois nervures principales, lisses, dentées en
scie; ses fleurs, d'un blanc rougeâtre, naissent à l'aisselle des feuilles; la tige est garnie de feuilles dans
toute sa longueur.

Les *véroniques*, jolies petites plantes à fleurs bleues,
que nous rencontrerons très communément dans les
buissons, sur les pelouses et dans les ruisseaux, ont

4.

été placées dans cette famille, quoiqu'elles n'en aient pas tout à fait l'aspect.

Elles n'ont que deux étamines ; la corolle est en roue, à quatre divisions. Nous citerons :

La *véronique* à feuilles de lierre, à tige couchée, grêle, étalée, velue ; feuilles à trois ou cinq lobes, fleurs à l'aisselle des feuilles ; petite corolle bleuâtre tombant facilement ; commune dans les moissons et les terres cultivées.

Fig. 55. — Véronique.

La *véronique officinale* (*fig.* 55), vulgairement *véronique mâle*, ou *thé d'Europe*, petite, à tiges couchées, rampantes, dures, à feuilles ovales, opposées, dentées, rudes, à petites fleurs en grappes longues, raides, bleuâtres ou rosées ; sur les pelouses et dans les bois. Elle est tonique, stomachique et astringente.

La *véronique petit-chêne*, à fleurs en grappes élégantes, d'un beau bleu ; feuilles opposées, dentées, ridées et un peu velues ; tiges garnies de deux rangées de poils alternativement opposés ; — dans les prés, les buissons, autour des champs ; fin d'avril, mai et juin.

La *véronique bécabunga*, commune dans les ruisseaux, a les tiges plus grosses que les précédentes, succulentes, creuses, et un peu couchées à la partie inférieure. Les feuilles sont dentées en scie, épaisses, luisantes, lisses, ainsi que toute la plante. Les fleurs, petites, d'un beau bleu de ciel, en longues grappes lâches à l'aisselle des feuilles, se montrent ordinairement en juin et juillet. On la dit antiscorbutique.

17. — FAMILLE DES OROBANCHES (*Orobanchées*).

Plantes parasites, d'un aspect assez singulier, vivant sur les racines de plusieurs légumineuses et même sur celles de certains arbres et arbrisseaux. Tiges simples, charnues, feuilles et fleurs d'une même couleur, rouille ou quelquefois bleue; et ressemblant à des plantes mortes.

La *clandestine,* qui appartient à cette famille, croît dans les lieux frais et ombragés. Ses fleurs, d'un violet pourpre, semblent sortir de la terre et sont accompagnées d'écailles au lieu de feuilles.

18. — FAMILLE DES PÉDICULAIRES (*Pédiculariées*).

Fleurs irrégulières, à deux lèvres, en casque; quatre étamines, dont deux plus courtes.

La *pédiculaire, herbe-aux-poux,* fleurs rouges ou roses, en épi, à petites feuilles découpées, lisses; tiges basses, étalées, rougeâtres; dans les prés de mauvaise qualité, dans les landes humides où croît un foin sujet à donner aux bestiaux des maladies et des poux.

Les *linaires* et les *mufliers*, qui, sous le point de vue agricole, n'ont rien d'intéressant, sont légèrement vireux et ne peuvent être employés comme fourrages.

Ils ont les fleurs en gueule ou en casque ; les feuilles en général étroites; les tiges rameuses, quelquefois rampantes. Les linaires ont un éperon.

Le *muflier, gueule-de-lion, mufle-de-veau,* à tiges élevées, à fleurs roses ou blanches, grandes, en épi, croît sur les murs, est cultivé dans les jardins. Une espèce à petites fleurs roses se trouve dans les champs cultivés, en été.

La *linaire commune (fig. 56),* un peu glauque, à

Fig. 56. — Linaire commune.   *Fig.* 57. — Rhinanthe.

fleurs jaunes, intérieur d'un jaune orangé ; tiges dures, dressées; feuilles étroites, croît dans les lieux pierreux, secs, et sur les talus.

La *linaire striée*, glauque, à fleurs lilas, se trouve
dans les mêmes lieux.

La *linaire élatine* croît dans les jardins et les lieux
cultivés : tige couchée, faible ; feuilles ovales, velues,
ainsi que toute la plante : fleurs à l'aisselle des feuilles,
petites, solitaires, jaunâtres ; lèvre supérieure d'un
rouge violet.

Le *rhinanthe* crête-de-coq, *sonnette, grelot* (*fig.* 57), à
tiges carrées, branchues du haut, tachées de brun,
feuilles opposées, dentées en scie, fleurs jaunes, se
dessèche promptement et donne un foin dur, commun
dans les prairies, en mai et juin.

Le *mélampyre des prés*, tiges rameuses, fleurs jaunes
à tube blanchâtre, quelquefois fleurs rosées, d'un seul
côté, feuilles opposées, allongées, dans les bois, au
bord des prairies ; en

Les *euphraises* sont peu importantes, nous nommerons seulement :

L'*euphraise officinale*, dont les petites fleurs blanches, mêlées de jaune et de violet, se trouvent dans
les prairies sèches.

L'*euphraise odontite*, plus grande, à fleurs rouges,
disposées d'un seul côté, ayant un peu le port des
rhinanthes, est commune dans les moissons.

19. — FAMILLE DES SAUGES ET DES MENTHES
(*Labiées*).

Tiges carrées ; feuilles opposées ; fleurs disposées en
roues par étages ; corolle en tube, à deux lèvres ;

quatre étamines, rarement deux ; quatre graines
nues au fond du calice, comme les Borraginées.

Ces plantes sont toutes aromatiques, toniques ; leur
huile essentielle contient du camphre.

Les *sauges* sont rares dans nos champs. Elles ont, en
général, les fleurs bleues et les feuilles velues.

La *sauge officinale*, cultivée dans les jardins, a les
feuilles un peu rudes, ovales, allongées, les fleurs
d'un bleu rosé. — Fleurit en été.

On cultive dans les jardins, comme plantes aro-
matiques : le *romarin*, la *sarriette*, la *lavande*, le *basilic*,
l'*hysope*, le *thym*, spontanées dans nos provinces méridionales.

Les *menthes* ont la corolle en entonnoir, à quatre
divisions, la plus large échancrée.

Nous citerons :

La *menthe à feuilles rondes*, tige dure, carrée, rameuse au sommet, cotonneuse ainsi que les feuilles,
qui sont ridées, grisâtres en dessous et épaisses. —
Fleurs petites, en épi, d'un blanc rosé. Dans les lieux
humides ; en juillet et août.

La *menthe aquatique*, moins velue que la précédente, à tiges carrées, droites, fleurs en tête ou en
épi court, rougeâtres, se trouve dans les marais.

La *menthe pouliot* (*fig.* 58), tiges rampantes, couchées à la base, un peu rameuses, un peu velues ;
feuilles petites, presque lisses ; fleurs rosées, par
étages autour de la tige ; commune dans les lieux humides, les fossés desséchés ; fleurit en juillet et août.

La *menthe des champs* croît dans les lieux humides.

On cultive dans les jardins, sous le nom de *baume*,
la *menthe verte*.

La *menthe poivrée* est la plus employée en médecine.

Elles sont toutes toniques et stomachiques.

Nous nommerons encore dans les Labiées :

Le *lierre terrestre, herbe Saint-Jean, Saint-Jean trai-
nante* (fig. 59). Tiges cou-
chées, rampantes, carrées,
lisses ou légèrement ve-

Fig. 58. — Menthe.   *Fig.* 59. — Lierre terrestre.

lues; fleurs bleues ou bleu rougeâtre ; réunies de
une à quatre à l'aisselle des feuilles. En avril, mai,
dans les lieux couverts, les haies, les buissons, les terrains humides. On le dit vulnéraire et pectoral.

Le *lycope*, croissant dans les lieux humides ; tiges élevées, fortes, carrées ; feuilles ovales, allongées, pointues, dentées ; fleurs blanches, petites, ponctuées de rose, disposées par étages dans l'aisselle des feuilles.

L'*ajuga* ou *bugle*, à tiges carrées, peu élevées ; à fleurs bleues, quelquefois rosés ou blanches, formant une sorte d'épi pyramidal.

La *germandrée des bois*, vulgairement *sauge des bois*, légèrement odorante ; tige rameuse, carrée ; feuilles ridées, dentées, plus pâles en-dessous ; fleurs jaunâtres, d'un seul côté, en grappes ; dans les haies, sur les talus, dans les bois.

Fig. 60. — Faux chanvre.

Le *galéopsis*, vulgairement *faux chanvre* (*fig*.60) ; tige carrée, velue ; feuilles fortement dentées en scie, molles, un peu velues ; fleurs par étages autour de la tige ; commun dans les moissons et les lieux cultivés. Mauvais fourrage.

L'*ortie jaune*, *galeobdolon* ; tige simple, un peu velue, surtout aux nœuds ; feuilles ovales en cœur, fleurs jaunes ; dans les bois, en mai.

Le *lamier blanc*, *ortie blanche* ; feuilles grandes, grossièrement dentées, ridées ; fleurs disposées en roues et par étages, blanches, tachées de jaune ; avril et mai ; le long des chemins et des haies.

Le *lamier pourpre*, beaucoup plus commun ; dans les jardins, sur les talus, dans les lieux cultivés, dès le premier printemps et quelquefois en automne ; tiges carrées, étalées ; feuilles en cœur, un peu dentées, rougeâtres ; fleurs roses, par étages rapprochés au sommet des tiges.

La *bétoine* ; tige carrée, simple, un peu velue, peu feuillée ; feuilles dentées, à longs supports ; fleurs rouges disposées en roues ou en têtes ; commune dans les bois en juillet ; vivace.

L'*épiaire, ortie morte, ortie puante, stachide* ; feuilles rappelant celles des orties ; croît dans les bois, les marais, les champs cultivés. Quelques variétés exhalent une mauvaise odeur ; toutes sont de mauvais fourrages.

Nous ne dirons rien du *marrube*, du *clinopode*, de la *ballotte*, à peu près sans intérêt pour nous.

L'*origan* ou *marjolaine* ; tiges rougeâtres, un peu velues, à angles arrondis ; feuilles ovales, arrondies, légèrement velues en dessous ; fleurs rouges, petites, réunies en têtes, entremêlées de petites feuilles rouges ou violettes. Été, terrains secs ; tonique, et employée pour prévenir la cachexie des moutons.

Le *thym serpolet* ; jolie petite plante parfumée, connue de tout le monde et très commune sur les pelouses et dans les lieux secs : tiges rampantes, grêles, dures ; petites feuilles entières, ovales ; fleurs réunies en têtes, rouges, quelquefois blanches.

La *brunelle*; tige carrée, peu élevée, légèrement velue; feuilles ovales, allongées, un peu dentées: fleurs violettes, quelquefois blanches ou rosées, en anneaux serrés formant un épi terminal; été, gazons frais, prairies, bords des chemins.

La *toque, scutellaire*; tige penchée au sommet, carrée, presque toujours rameuse; feuilles allongées, les dents éloignées; fleurs dans l'aisselle des feuiles presque toujours deux ensemble, tournées du même côté, bleues ou violettes; juillet, août, au bord des eaux, terrains humides.

La *mélisse officinale*; vulgairement citronnelle, feuilles ovales, dentées, lisses, à odeur de citron, aux petites fleurs blanches ou roses, est cultivée comme un très bon stimulant pour l'estomac.

20. — FAMILLE DES CAMPANULES (*Campanulacées*).

Les campanules sont presque toutes à fleurs bleues, corolle en cloche à cinq dents, feuilles alternes; suc laiteux.

La *campanule raiponce*, à jolies fleurs bleues ou blanches, réunies en une sorte d'épi lâche, et portées sur une tige élevée, grêle, sillonnée, croît dans les lieux secs et arides, sur les talus, le long des champs; en mai et tout l'été : ses feuilles radicales sont ovales, les supérieures étroites et un peu dentées. A la fin de l'hiver; on mange ses racines et ses jeunes pousses en salade.

La *campanule gantelée*, à fleurs beaucoup plus

grandes et de même couleur que la raiponce, croît dans les bois, dans les buissons.

Le *miroir de Vénus*, aux tiges anguleuses, à rameaux écartés ; feuilles petites, ovales ; fleurs d'un violet rougeâtre en panicule feuillée ; se trouve abondamment dans les moissons, sur les terrains secs et calcaires.

La *jasione de montagne* (fig. 61), à tiges rameuses, peu élevées ; feuilles étroites, cour-tes, garnies de poils blancs. Ses petites fleurs bleues réu-nies en têtes ont un peu l'as-pect des scabieuses. En été, sur les coteaux, les terres sa-blonneuses, les talus.

La *lobélie brûlante* diffère un peu des campanules par sa corolle irrégulière à deux lèvres. Elle contient un suc âcre et caustique, et ne peut servir à la nourriture des ani-maux. Sa tige est anguleuse ; ses feuilles ont les bords ru-des ; ses fleurs, en épis allon-gés, sont d'un bleu clair, ou violacé. Été, automne ; dans

Fig. 61. — Jasione de montagne.

les landes, les mauvaises prairies, les terres tourbeuses.

21. — FAMILLE DES VALÉRIANES (*Valérianées*).

Tiges rondes ; feuilles opposées ; petite corolle en tube, à cinq divisions, en épi lâche ou en tête.

La *valériane officinale* (*fig.* 62) est une grande et belle plante que nous rencontrerons dans les bois humides, les lieux ombragés. Tiges sillonnées, creuses, souvent velues, feuilles profondément découpées, fleurs en panicules, roses ou blanches ; été.

Sa racine, qui a une assez mauvaise odeur, est tonique. On l'emploie contre les maladies nerveuses et les fièvres.

Nous indiquerons seulement la *valériane rouge*, qui

Fig. 62. — Valériane officinale.   Fig. 63. — Myrtille.

croît sur les vieux murs et que l'on cultive dans les jardins.

La *mâche* ou *doucette*, cultivée pour salade, se trouve aussi dans les champs.

22. — FAMILLE DU MYRTILLE (*Vacciniées*).

Le *myrtille* ou *airelle* (*fig.* 63) est un tout petit arbrisseau à rameaux anguleux, à feuilles d'un vert pâle, à
petites fleurs roses, penchées, naissant dans l'aisselle
des feuilles. Ses baies violettes (lucets), d'une saveur
acidule, sont légèrement astringentes. Croît dans les
bois.

23. — FAMILLE DES CITROUILLES (*Cucurbitacées*).

Les plantes de cette famille sont en général grimpantes ou rampantes, hérissées de poils rudes. Tiges
grosses, creuses, munies de vrilles. Étamines et pistils
le plus souvent
dans des fleurs
séparées sur le
même pied, quel-
quefois sur des
pieds différents.
Fruits charnus,
souvent très volu-
mineux, alimen-
taires et d'une
grande ressource
pour la nourri-
ture des animaux,
dans quelques lo-
calités, où on les

Fig. 64. — Bryone.

cultive en grand. Graines contenant une huile de
bonne qualité.

Tout le monde connaît les *potirons*, les *citrouilles*, les *melons*, les *concombres*.

. La *gourde* est cultivée dans les jardins pour ses fruits, qu'on utilise en qualité de vases ou bouteilles.

Les *coloquintes* plaisent par leurs belles couleurs ou leurs formes variées.

Enfin, une plante de cette famille est commune dans nos haies, c'est la *bryone* (*fig.* 64) ; tiges grimpantes s'élevant très haut, feuilles assez grandes, rudes, vrilles très longues, partant de l'aisselle des feuilles. Fleurs en grappes, d'un blanc verdâtre, portées sur de longs supports. Les étamines et les pistils dans des fleurs séparées. Sa racine est grosse, charnue, purgative et très malfaisante ; elle contient cependant une fécul 'qui peut devenir alimentaire.

24. — FAMILLE DU CHÈVREFEUILLE (*Caprifoliacées*).

Arbrisseaux à feuilles opposées, quelquefois grimpants, et tortillés de gauche à droite; fleurs terminales en tube, d'une seule pièce ; fruits en baie.

Le *chèvrefeuille* est un arbrisseau à tiges grimpantes, très longues, très flexibles, garnies de feuilles arrondies et de fleurs jaune rougeâtre d'une odeur agréable. Dans les haies, les bois; on en cultive plusieurs espèces dans les jardins.

. Les tiges de chèvrefeuille, récoltées en hiver, font des paniers et de très jolies corbeilles.

La *viorne-aubier*, dont on cultive une espèce dans les jardins, sous le nom de *boule-de-neige*, se trouve dans les lieux frais, le long des prairies. Fleurit en mai et juin; fleurs blanches en ombelle, celles du centre

petites, celles de la circonférence plus grandes et sté-
riles, baies rouges.

Le *sureau* (*fig.* 65) est un arbrisseau que vous connaissez tous. Écorce grise,
rameaux remplis de moel-
le blanche, petites fleurs
d'un blanc soufré, en larges ombelles dont les supports ne partent pas du
même point, mais arri-
vent à la même hauteur.
Elles sont sudorifiques et
résolutives. On les em-
ploie à très petite dose
dans la fabrication de certaines boissons artificielles : ses baies sont purgatives.

On fait avec le sureau
des haies dont les racines

Fig. 65. — Sureau.

retiennent les terres des talus escarpés ; son bois est
dur et serré.

L'*yèble*, qui ressemble beaucoup au sureau, mais
dont les tiges herbacées ne s'élèvent qu'à un mètre
environ, exhale une mauvaise odeur. Ses feuilles,
grandes, découpées profondément, sont d'un vert sombre ; ses fleurs nombreuses, en espèce d'ombelle, sont
blanches et un peu rosées.

On peut être à peu près assuré que les champs où
l'yèble croît abondamment sont de très bonne qualité
et très propres à la culture du froment.

25. — FAMILLE DE LA GARANCE (*Rubiacées*).

Plantes très souvent couvertes de poils crochus ; tiges carrées ; feuilles disposées en anneaux autour de la tige, entières, petites. Fleurs petites, d'une seule pièce, à quatre divisions régulières, ordinairement blanches ou jaunes.

Une seule plante de cette famille, la *garance* (*fig.* 66), est intéressante pour nous.

Ses racines traçantes donnent une belle couleur rouge dont on se sert pour la teinture des draps de l'armée. On la cultive en grand dans les terrains sablonneux, et son produit est souvent très élevé.

Ses tiges anguleuses sont rudes ainsi que les feuilles qui sont disposées en anneaux, par étages, le long de la tige ; fleurs petites, d'un blanc jaunâtre, dispo-

Fig. 66. — Garance.

sées comme les feuilles ; baies noires. Elle se rapproche beaucoup du gratteron, et se trouve très communément dans les buissons et les haies.

Les tiges du *gratteron* sont faibles, rudes, gonflées aux articulations, presque grimpantes, les feuilles espacées en anneaux autour de la tige, les fleurs aussi en anneaux, petites, blanchâtres, au nombre de six à huit.

Les *gaillets* ou *caille-lait*, à fleurs blanches ou jaunes, sont aussi communs dans les haies, les prairies, l⸴s
lieux humides, et quelques espèces, dans les terres
sèches. Tous, ou à peu près, peuvent sans inconvénient
être mangés par les animaux.

Ils ont en général les tiges délicates, anguleuses et
rameuses ; les feuilles étroites, disposées en anneaux
et par étages ; les articulations gonflées ; les fleurs
petites, à quatre divisions, en anneaux sur la tige. Ils
ne sont point rudes comme le gratteron et la garance.

La *croisette* velue a les tiges simples, carrées, d'un
vert jaunâtre, les feuilles velues, ainsi que toute la
plante, en anneaux et par quatre, les fleurs petites,
jaunes, exhalant une odeur de miel ; le long des haies,
des buissons ; en avril et mai.

20. — FAMILLE DES SCARIEUSES (*Dipsacées*).

Feuilles opposées ; fleurettes rassemblées en tête
sur un plateau ou réceptacle commun, et semblant
former comme une seule fleur ; corolle monopétale,
en tube, à quatre ou cinq divisions souvent irrégulières,
5 étamines libres.

Le *chardon* à foulon, chardon bonnetier ou *cardère*,
est cultivé pour ses têtes qui sont employées à peigner
les draps.

Ses tiges sont droites, fermes, cannelées, hérissées
d'épines, les feuilles opposées, allongées, épineuses,
réunies à leur base en forme d'entonnoir, où se conserve presque toujours une certaine quantité d'eau ; les
fleurs, d'un bleu rougeâtre, en têtes terminales, sont

grosses, solitaires ; au bord des chemins, le long des haies ; de juillet en septembre.

Les *scabieuses* sont en général bleues ou d'un bleuâtre rosé, à petites fleurs réunies en tête, sur un réceptacle commun. — Les feuilles radicales sont en général assez grandes et souvent velues ; le calice extérieur est rude.

La *scabieuse succise*, *mors du diable*, qui se trouve surtout dans les prés humides, offre cette particularité que la racine est toujours tronquée à son extrémité.

27. — FAMILLE DE LA CHICORÉE, DES CHARDONS ET DE LA PAQUERETTE.

Fleurettes nombreuses réunies sur un réceptacle commun et semblant former comme une seule fleur ; corolle d'une seule pièce, 5 étamines soudées par leurs têtes en un tube au travers duquel passe le style ; graine nue à la base du tube de la corolle.

PREMIÈRE DIVISION

de la famille des Composées.
La chicorée (*Chicoracées*).

Plantes à suc laiteux amer ; tiges rondes ; feuilles alternes, fleurs très souvent jaunes, quelquefois bleues, réunies sur un plateau ou réceptacle commun, peu ou point charnu ; toutes les corolles en tube à leur base se prolongeant au sommet en une languette.

Les plantes de ce groupe sont recherchées des animaux, et quelques-unes cultivées dans les jardins comme plantes potagères.

Les plus intéressantes pour nous sont les *laitues* et les *chicorées*.

Leur suc est un peu narcotique, surtout celui de la *laitue vireuse*, que nous trouvons fréquemment sur les murs, le long des chemins, sur les décombres, et qui n'est pas comestible.

Sa tige est élevée, grosse, d'un rouge noirâtre, rude ; les feuilles sont grandes, ovales, dentées, à nervures rougeâtres ; fleurs jaunes.

La *scorsonère* et le *salsifis*, que nous cultivons pour leurs racines alimentaires, ont leurs analogues dans les prairies.

La *chicorée sauvage* (*fig.* 67), à belles fleurs bleues ou blanchâtres, indique ordinairement les terrains calcaires.

On en cultive une variété pour sa racine, qui se mélange au café. On l'emploie aussi comme fourrage artificiel ; elle convient surtout à la nourriture des porcs.

Nous indiquerons seulement, en outre, la *lampsane*, commune dans les lieux cultivés ; fleurs jaunes.

Le *laiteron*, assez recherché des bêtes à cornes ; l'*épervière-piloselle*, à feuilles velues, à fleurs jaunes, que nous rencontrerons sur les talus et dans les lieux arides.

Les *crépides*, qui croissent dans les prés, dans les lieux secs et jusque sur les toits.

Le *pissenlit*, très commun, très amer. On le mange en salade, lorsqu'il est jeune.

La *porcelle, hypochéride* (*fig.* 68), à feuilles radicales,

Fig. 67. — Chicorée sauvage.   *Fig.* 68. — Porcelle.

étalées en rosette, rudes, à fleurs jaunes ; de mai en septembre ; dans les prés, les champs ; commune.

DEUXIÈME DIVISION

de la famille des Composées.
Chardons (*Carduacées*).

Tiges arrondies ; feuilles très souvent épineuses, découpées, se prolongeant ordinairement sur la tige ; fleurs rouges ou blanches, rarement jaunes ; toutes en tube, réunies sur un plateau ou réceptacle charnu presque toujours garni de feuilles florales étiolées dites

paillettes ; étamines et graines comme dans les chicoracées.

Les *chardons* se propagent avec facilité, au moyen
de leurs graines, garnies d'une aigrette destinée à
les transporter au loin. Ce ne sont pas des plantes
malfaisantes.

Les animaux mangent volontiers les espèces qui ne
sont pas trop épineuses.

Malgré cela, nous devons les détruire partout où
nous les rencontrons, en les arrachant dans leur jeunesse, et surtout en ne laissant pas arriver les graines
à maturité.

En général, ils aiment les terrains calcaires, et
quelques espèces ne se montrent que sur les terres de
cette nature.

Nous citerons comme les plus communs :

Le *chardon penché*, à têtes grosses, solitaires, penchées ; fleurs rouges.

Le *chardon à petites fleurs*, à feuilles épineuses,
blanches en dessous, à fleurs petites, d'un blanc
rosé, réunies au sommet de la tige.

Le *chardon-Marie*, à grandes feuilles tachées de
blanc; têtes grosses, solitaires ; fleurs rouges.

Le *chardon lancéolé*, à feuilles en forme de lance, terminées par une forte épine, têtes grosses, fleurs rouges.

Le *chardon des marais*, à tige très élevée, rougeâtre
du bas, à longues feuilles étroites, d'un vert foncé,
très épineuses ; fleurs rouges ; dans les prés humides
et marécageux, au bord des ruisseaux et des fossés.

Le *chardon sans tige*; feuilles étalées en rosette ; une
seule tête ; fleurs rouges ; lieux secs et élevés.

Le *chardon anglais* ; tige peu élevée, cotonneuse, terminée par une seule fleur ; dans les prés humides.

Le *chardon des champs* ; tiges rameuses, fleurs petites et nombreuses, rougeâtres ; à racines vivaces et traçantes ; dans les cultures.

Le *chardon chausse-trape* ou *étoilé* ; tiges rameuses, étalées, anguleuses ; têtes épineuses, en forme d'étoile ou de chausse-trape. Il indique presque toujours la présence du calcaire.

La *carline* (*fig.* 69), qui croît dans les terrains secs.

La *centaurée noire* ; plante vivace, rude, à tiges anguleuses, dures ; têtes brunes ; fleurs rouges ; commune dans les prairies.

Elle donne un foin dur et grossier, que les animaux mangent cependant, et qui n'est point malfaisant.

Fig. 69. — Carline.

Le *bluet*, *centaurée-bluet*, *barbeau*, *aubifoin*, *casse-lunettes* ; tiges blanchâtres, rameuses, anguleuses ; feuilles allongées, étroites ; les inférieures souvent dentées ; têtes terminales, fleurs le plus souvent d'un beau bleu ou roses, et quelquefois blanches ; très commun dans les moissons, principalement dans les terres légères.

L'*artichaut* de nos jardins appartient aussi à cette famille, qui, nous l'avons déjà dit, ne renferme point de plantes malfaisantes, du moins dans celles que nous indiquons ici.

La *bardane* ou *glouteron*, grande plante à larges feuilles ovales en cœur, un peu blanchâtres en dessous. Tiges rougeâtres, légèrement cannelées; têtes ressemblant à celle d'un petit chardon; disposées en espèces de grappes; fleurs rouges.

Le long des routes, sur les décombres; les enfants s'amusent à se les jeter dans les cheveux, où elles s'accrochent.

L'*eupatoire à feuilles de chanvre*, grande plante à tiges rougeâtres, cannelées; feuilles opposées à trois divisions, dentées en scie, pâles en dessous; fleurs petites, nombreuses, réunies en un corymbe terminal; roses ou blanches; au bord des eaux, prairies marécageuses; été.

L'*armoise*; tige élevée, rameuse, sillonnée, rougeâtre; feuilles découpées, vertes en dessus, blanches et cotonneuses en dessous; fleurs nombreuses, en grappes longues; calice blanchâtre un peu laineux; fleurs jaunâtres, rousses. Dans les lieux cultivés, le long des haies et des fossés.

La *tanaisie*; tiges élevées, un peu cannelées, feuilles découpées, dentées; fleurs d'un beau jaune, réunies en corymbe; cultivée dans les jardins, elle croît naturellement dans les lieux calcaires.

Nous indiquerons seulement le *gnafale*, petite plante blanchâtre ressemblant un peu à l'immortelle.

La *conyse rude*, grande plante à tiges rougeâtres, à feuilles ovales allongées, vertes en dessus. Têtes réunies en corymbes terminaux ; fleurs jaunes ; août, octobre, lieux secs et pierreux.

L'*absinthe* de nos jardins appartient à ce groupe.

Elle est fortement aromatique et vermifuge.

TROISIÈME DIVISION

de la famille des Composées.
Pâquerette (*Radiées*).

Fleurettes réunies sur un plateau ou réceptacle peu épais. Celles du milieu jaunes, en petits tubes ; celles de la circonférence blanches, jaunes, rouges ou violettes, en demi-fleurons à languette. Tout cet assemblage semblant former comme une seule fleur.

Les Radiées sont très nombreuses.

En première ligne, nous citerons le *topinambour*, dont les sortes de *tiges-racines* courtes et charnues sont alimentaires.

C'est une plante très précieuse pour utiliser les terrains de médiocre et même de mauvaise qualité.

Sa tige élevée, ses fleurs et toute la plante ont un peu l'aspect du tournesol ou soleil, qui est aussi de la même famille.

La *petite pâquerette*, qui se trouve souvent sur nos gazons et que vous connaissez tous, est si peu élevée qu'elle ne peut être considérée comme fourrage. Ses feuilles entières sont disposées en rosette sur le sol ; ses fleurs, sur un support partant de la racine, ont un disque jaune à rayons blancs, souvent rouges en dessous. Elles se ferment le soir et pendant la pluie.

La *grande pâquerette* ou *chrysanthème*, assez commune dans nos prairies élevées, forme un foin grossier, que les animaux mangent volontiers. En général, les prairies où se trouve abondamment cette plante doivent être fauchées avant les autres.

La *marguerite dorée* ou *chrysanthème des blés* nuit aux récoltes et doit être regardée comme une mauvaise herbe. On la trouve dans les moissons et plus particulièrement dans les champs sablonneux et maigres.

Ses fleurs sont d'un très beau jaune doré, ses feuilles un peu glauques embrassent à demi la tige, qui est rameuse et étalée.

Le *chrysanthème inodore*, commun dans nos champs, est encore une mauvaise herbe que nous devons nous appliquer à détruire.

Quoique très peu odorante, les animaux ne la mangent que difficilement; elle se propage par ses graines, qui sont très nombreuses, et, dans les terres riches, elle acquiert quelquefois un grand développement.

La tige est rougeâtre à la base, lisse; les feuilles, également lisses, sont découpées profondément et à découpures très étroites. Ses fleurs ont un disque jaune avec des rayons blancs, comme la pâquerette. Elle a un peu le port des camomilles, mais elle est plus grande.

La *matricaire*, plante très aromatique, qui croît sur les murs, sur les décombres, dans les jardins, ressemble un peu à la précédente, mais nous la rencontrons rarement dans nos champs.

La *camomille romaine*, commune sur les pelouses

sèches, a les tiges couchées, peu élevées, grisâtres, ainsi que toute la plante, qui exhale une odeur forte assez agréable. Feuilles courtes, à divisions étroites. Fleurs blanches à disque jaune. Très amère. Été.

Les fleurs de camomille sont stomachiques, vermifuges. On cultive en grand, pour ses fleurs, comme plante médicinale, une variété de la camomille romaine à fleurs doubles ou demi-doubles. Dans les terres légères, ou de consistance moyenne, cette culture est très productive.

La *maronte* ou *camomille puante* ressemble un peu à la précédente ; ses tiges sont droites, ses feuilles plus longues, d'un vert clair, son odeur est désagréable : on la trouve dans les champs cultivés, dans les moissons, où on doit la détruire. Elle donne une mauvaise odeur aux fourrages.

La *mille-feuille, achillée (fig. 70)*, vulgairement *herbe-au charpentier ;* tiges élevées légèment velues, feuilles à découpures étroites et nombreuses, terminées par une pointe. Les fleurs blanches ou rosées, nombreuses, petites, en forme d'ombelle.

Fig. 70. — Mille-feuille.

Sur les talus, dans les champs et surtout dans les terres mal cultivées, où elle se propage avec rapidité par ses racines traçantes.

L'*herbe-à-éternuer*, à fleurs plus grandes que la précédente ; croît dans les prés humides.

Le *bident*, vulgairement *chanvre aquatique*, à tiges rougeâtres, à feuilles divisées en trois ou cinq parties, à fleurs jaunes, est très commun dans les lieux marécageux.

L'*aunée dysentérique*, *herbe Saint-Roch*, que l'on a employée contre la dysenterie. Croît dans les ruisseaux, les fossés et les lieux humides ; tiges assez élevées, feuilles blanchâtres et velues en dessous, ondulées sur les bords, fleurs isolées, d'un beau jaune. Été, commune.

Le *séneçon commun* est abondant dans les terres cultivées. Il se propage rapidement par ses nombreuses semences, mûrissant très promptement, et munies d'une aigrette. Il faut l'arracher avant sa maturité. Les animaux ne le mangent pas, et on doit le regarder comme une mauvaise herbe.

Le *séneçon jacobée*, *herbe Saint-Jacques*, grande plante à fleurs nombreuses, jaunes, en espèces d'ombelles ; été, sur les talus, dans les bois et dans les prairies.

Le *séneçon aquatique*, qui croît en été au bord des eaux, a les tiges grosses et assez élevées, souvent violettes à la base, fleurs jaunes ; commun.

Le *tussilage* ou *pas-d'âne* ; fleurs jaunes, assez grandes, isolées sur une espèce de petite tige garnie d'écailles, paraissant avant les feuilles , feuilles grandes partant de terre, unies en dessus, cotonneuses et blanches en dessous ; en mars, avril ; indique ordinairement les terres calcaires, argileuses.

La *verge d'or* et l'*érigéron*, qui croissent plus particulièrement sur les sols calcaires, appartiennent aussi à
cette famille.

28. — FAMILLE DES CAROTTES (*Ombellifères*).

Tiges sillonnées. Supports des feuilles engainants à
la base. Feuilles découpées en petites folioles ; fleurs
en ombelle, le plus souvent blanches ; petite corolle
à cinq divisions.

Dans cette nombreuse famille, il se trouve des plantes utiles et comestibles ; mais aussi il s'en rencontre
qui sont de violents poisons : nous devrons donc nous
défier de celles que nous ne connaîtrons pas.

Nous commencerons par les plus utiles ; ensuite
viendront les vénéneuses, et enfin quelques-unes
de celles qui n'ont qu'un intérêt peu marqué pour
nous.

Les *carottes*, plantes potagères des plus importantes
de nos jardins, sont cultivées en grand dans les
champs. Les variétés sont nombreuses ; mais les plus
communes sont les grosses rouges et celles à collet
vert.

Les terrains légers, profonds et substantiels, leur
conviennent particulièrement. Elles ne réussissent pas
aussi bien dans les sols très argileux.

Tous les animaux recherchent les carottes, et, pour
les chevaux, elles peuvent remplacer en partie l'a-
voine.

La carotte sauvage est commune surtout dans les
terres légères, sèches et calcaires.

Le *panais*, cultivé en grand pour la nourriture des chevaux, est plus rustique que la carotte ; ses racines ont un goût plus fort, et, pour les vaches laitières, il est bon de les mélanger à d'autres racines, sans quoi le lait et le beurre auraient un goût désagréable.

Le *persil*, le *cerfeuil*, le *céleri*, sont trop connus pour exiger une description. Nous en dirons autant de l'*anis-fenouil*, plante aromatique dont la graine est stomachique et cordiale : il croît dans les murs sur les décombres et dans les endroits cultivés. L'*ache* est le céleri sauvage.

L'*angélique sauvage*, vulgairement *impératoire*, est grande, à tiges creuses, lisses, souvent violettes ou glauques ; à feuilles composées de folioles assez grandes, dont le support est en gouttière ; ombelle grande, à fleurs blanches. Elle est aromatique, et croît, au bord des eaux, ou le long des bois et des prés humides.

On cultive dans les jardins une espèce d'angélique à tiges et à feuilles beaucoup plus grandes, dont les jeunes tiges et le support des feuilles, confits au sucre, sont stomachiques et d'un goût agréable.

Nous citerons comme les plus dangereuses de cette famille :

L'*œnanthe safranée*, *œnanthe crocata*, poison violent.

Elle est très commune au bord des eaux, dans les prés humides, le long des fossés ; fleurit en juin et juillet.

Dans sa jeunesse, cette plante a quelque ressemblance avec le céleri ; mais, froissée, elle a une odeur désagréable. Ses racines sont un gros fuseau allongé ; tiges droites, fortes, élevées, sillonnées ; feuilles d'un vert un peu sombre ; grandes ombelles portées sur de longs supports ; fleurs petites, blanches.

La *ciguë d'eau*, qui est aussi une œnanthe, est une très mauvaise plante. Les œnanthes sont très nombreuses, et presque toutes dangereuses.

La *grande ciguë, conium taché* (*fig.* 71), grande, fétide, est un poison violent.

Tige grande, lisse, cou- verte à la base de taches brunes ou rougeâtres ; très grande, très découpée ; fleurs petites, blanches ; en juin et juillet, dans les décombres, les haies, les lieux cultivés, quelquefois dans les trèfles, d'où on doit l'arracher avec soin. Elle est vivace.

Fig. 71. — Grande ciguë.

La *petite ciguë*, annuelle et beaucoup plus petite que la précédente, se trouve dans les lieux cultivés, dans les jardins, où elle est souvent mêlée au cerfeuil et au persil, avec lesquels elle a une grande ressemblance ; mais ses feuilles froissées ont une mauvaise odeur. Petite ombelle blanche composée de folioles comme tronquées au sommet.

Il faut l'arracher avec soin, car c'est une plante vénéneuse qui a souvent causé de graves accidents.

Parmi celles qui ne sont pas nuisibles et que les animaux mangent, nous citerons :

La *grande berce* (*fig.* 72) ; grosses tiges anguleuses, élevées, rudes, à feuilles ailées, grandes, dentées, un peu velues ; grandes ombelles de fleurs blanches.

Commune dans les prairies élevées et de bonne qualité.

Le *cerfeuil sauvage*, à tiges élevées, un peu cannelées, renflées aux nœuds, ayant une légère odeur de cerfeuil.

La *pimprenelle boucage*, à tiges anguleuses, à larges feuilles unies, à fleurs blanches. Dans les lieux frais et les buissons.

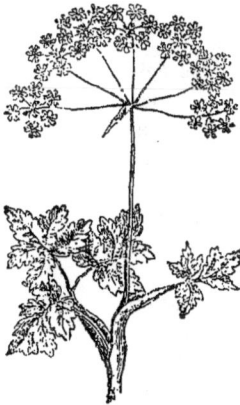

Fig. 72. — Grande berce.

La *berle*, qui croît dans les ruisseaux ; tige grosse, peu consistante, anguleuse, à feuilles longues, composées de folioles ovales-allongées, lisses ; fleurs blanches.

Cette plante se trouve souvent mêlée au cresson de fontaine.

Le *terre-noix*, vulgairement *janotte*, à racines en tubercule que mangent les enfants.

Tige très mince à la base, feuilles lisses, ainsi que toute la plante, à divisions étroites, aiguës ; le support des ombelles long ; fleurs blanches, petites. Autour des champs, le long des haies ; printemps.

Le *chardon-Rrland* ou *Rouland, panicault (fig. 73),* que l'on trouve ordinairement sur les terrains sablonneux, et surtout sur les fonds calcaires.

Tiges et feuilles épineuses, dures, coriaces, et d'un vert pâle. Fleurs en têtes très épineuses.

La *sanicle,* que nous ne citons que parce qu'elle avait autrefois une grande réputation comme plante médicinale, croît dans les bois et les lieux ombragés. Tiges rougeâtres, peu élevées ; fleurs blan-

Fig. 73. — Panicault.

ches, ombelle non composée.

Le *peigne de Vénus,* plante très commune dans les moissons et dont les feuilles ont quelque ressemblance avec celles de la carotte, mais plus petites, ainsi que toute la plante ; petites fleurs blanches auxquelles succède un fruit très allongé, rude et ressemblant à une longue aiguille ; ce qui lui a fait donner ce nom en quelques localités.

29. — FAMILLE DE L'ONAGRE ET DES ÉPILOBES (*Onagrées*).

Feuilles opposées, toujours simples, entières. Fleurs en épi très lâche ; quatre pétales ; deux ou huit étamines

Pour nous ce groupe sera bien peu nombreux et presque dépourvu d'intérêt.

L'*onagre* a les fleurs jaunes, grandes, solitaires dans les aisselles des feuilles, et disposées en épi ; elles sont odorantes. Les feuilles, ovales-allongées, sont assez grandes et légèrement velues.

Les *épilobes*, dont un des plus grands est connu sous le nom de *laurier Saint-Antoine* (fig. 74), sont assez nombreux.

Fig. — 74. Épilobe.   *Fig.* 75. — Macre.

Ils ont, en général, les fleurs roses, en épis, et croissent presque tous dans les lieux humides.

Leur corolle est à quatre pétales; ils ont huit étamines, et leurs graines, garnies de poils cotonneux, sont renfermées dans une longue capsule étroite.

La *circée*, à tiges légèrement velues, à feuilles opposées, d'un vert sombre, sinuées, dentées, à fleurs d'un blanc rosé, en grappes longues et grêles, croît dans les lieux ombragés et frais.

La *macre* ou *châtaigne d'eau* (*fig.* 75), appartient à cette famille, quoiqu'elle n'en ait guère l'aspect.

Elle n'a de remarquable que ses fruits noirs, armés de cornes dures, pointues et contenant une pulpe farineuse comestible.

Les feuilles, rassemblées en forme de rosette à la surface des eaux, sont garnies à leur base d'un renflement en forme d'outre.

30. — FAMILLE DES GROSEILLIERS (*Grossulariées*).

Arbrisseaux à fruits mous en baies.

Le *groseillier rouge*, le *groseillier noir* ou *cassis*, et le *groseillier épineux*, sont trop connus pour qu'il soit nécessaire de les décrire.

Les groseilles rouges et blanches sont acidules, sucrées et rafraîchissantes.

Le cassis est aromatique et stomachique.

Le *lierre*, arbrisseau grimpant, s'élevant parfois à une hauteur considérable, a les feuilles persistantes, dures, luisantes, à fleurs d'un jaune verdâtre ; ses baies noires sont purgatives.

Le *cornouiller* est un arbrisseau très commun dans nos haies ; feuilles opposées, à nervures prononcées, ovales, pointues, quelquefois rougeâtres ; fleurs petites, presque en ombelles, blanches ; fruit noir.

Nous joindrons à ce groupe le *gui*, qui en est tout voisin.

Cette singulière plante parasite croît sur les arbres, surtout sur les pommiers, l'aubépine, le peuplier de Virginie, le tilleul, le frêne, l'acacia, rarement sur le chêne. Cependant, le gui de chêne avait, autrefois, une grande célébrité.

Les baies sont purgatives, et l'on en retire de la glu ainsi que de l'écorce.

Il est transporté d'un arbre à l'autre par les oiseaux, qui se nourrissent de ses baies.

31. — FAMILLE DE LA VIGNE (*Viticées*).

Arbrisseaux à tiges grimpantes ; vrilles opposées aux feuilles.

La *vigne* est un arbrisseau à tiges sarmenteuses, connu de tout le monde.

Ses variétés sont très nombreuses. Son fruit, rouge ou blanc, est très sucré. Il donne le vin, et par suite l'eau-de-vie et le vinaigre.

Tous ces produits forment une des branches les plus importantes de notre commerce agricole, surtout dans nos provinces méridionales.

Les terrains chauds, sablonneux et calcaires sont ceux où la vigne réussit le mieux. Dans les terres froides et argileuses, les vins sont aqueux, de mauvaise qualité et peu alcooliques.

32. — FAMILLE DU HOUX ET DU NERPRUN (*Rhamnées*).

Arbrisseaux à feuilles simples, rameaux alternes. Fleurs petites, verdâtres ou jaunes.

Le *nerprun* est un arbrisseau épineux à bois jaunâtre, à écorce grise, unie, à feuilles ovales dentées, d'un beau vert lisse, à nervures prononcées ; fleurs d'un vert jaunâtre, à baies d'abord vertes, ensuite noires ; fleurit en mai.

La *bourdaine*, arbrisseau sans épines, très, commun dans nos bois ; écorce brune, comme tachée de petits points blancs ; feuilles ovales, lisses ; fleurs petites, verdâtres, en faisceaux, baies rouges, puis noires ; fleurit en mai et juin.

Le charbon de bourdaine entre dans la composition de la poudre à canon.

Le *houx*, arbrisseau à feuilles persistantes, épineuses, très lisses, brillantes, à fleurs petites, blanches ou rosées ; baies rouges.

Le bois de houx est dur, serré et très résistant. On en fait des manches de marteaux, des verges de fouets, de fléaux, etc. On en extrait la glu ; les baies grillées ont, dit-on, le goût du café.

Le *fusain* ou *bonnet-de-prêtre*, dont les capsules rouges, qui renferment les graines, sont d'un très bel effet en automne. Les jeunes tiges sont carrées, vertes, à feuilles opposées, ovales, allongées, finement dentées ; fleurs petites, d'un blanc verdâtre.

Fig. 76. — Épine-vinette.

Le bois de fusain est blanc, léger, élastique, très doux au toucher. On en fait des crayons de charbon pour les dessinateurs.

L'*épine-vinette* (*fig.* 76), très voisine de cette famille, est un arbrisseau épineux ; bois jaune, épines réunies par trois à leur base, très aiguës ; feuilles réunies par trois ou quatre ; fleurs en grappes pendantes d'un beau jaune. Les baies allongées sont d'un beau rouge, acides et astringentes ; elles entrent dans la composition d'un vernis pour les cuirs. On en fait des confitures.

On a pensé que les blés qui se trouvent dans le voisinage de l'épine-vinette sont sujets à la rouille, mais ce fait n'est pas constaté.

33. — FAMILLE DES CHOUX (*Crucifères*).

Fleurs à quatre pétales disposés en croix ; six étamines dont deux plus courtes.

Cette grande famille, où nous trouverons tant de plantes utiles, est une des plus naturelles, et il est facile de la reconnaître.

Les racines de quelques espèces sont alimentaires pour les hommes et les animaux ; d'autres nous fournissent leurs feuilles comme plantes potagères ou fourragères ; d'autres sont cultivées pour leurs graines, dont on extrait de l'huile ; enfin, la médecine et la teinture utilisent quelques espèces. Il n'y en a pas de malfaisantes.

Nous citerons les plus intéressantes, et nous nous abstiendrons de décrire les plus communes.

Les *navets*, les *raves* et les *radis*, cultivés dans les jardins, sont antiscorbutiques et alimentaires.

Le *chou*, dont la culture a produit un très grand nombre de variétés, est un de nos légumes les plus utiles.

Le chou commun, ou branchu, ou chou à vache, fournit un fourrage précieux.

Vous connaissez tous le *colza*, que nous cultivons pour ses graines, dont on extrait de l'huile.

La *cameline* et la *navette* sont aussi cultivées pour leurs graines oléagineuses.

Les *moutardes blanche* et *noire*, dont les graines, réduites en poudre, sont employées comme assaisonnement et en médecine, donnent encore de l'huile.

La *moutarde blanche* (*fig.* 77) est cultivée comme fourrage, et sa croissance rapide la rend précieuse.

La *moutarde sauvage*, que l'on confond vulgairement avec la ravenelle, sous le nom de *russe*, est une des plantes les plus difficiles à détruire. Ses graines sont fines, nombreuses, et se conservent dans le sol pendant un très long temps, aussi faut-il dans les cultures éviter avec soin de les laisser arriver à maturité.

Fig. 77. — Moutarde blanche.

La *ravenelle* diffère des moutardes, surtout par ses fleurs d'un jaune moins foncé ou blanches, quelquefois veinées de violet, et par ses siliques cylindriques à étranglements successifs.

Ces deux plantes sont communes dans les moissons,

surtout dans les céréales de printemps et dans le sarrasin.

Le *cresson de fontaine*, que l'on trouve dans les ruisseaux, les lieux humides, les fontaines, est alimentaire et antiscorbutique.

Ses tiges, cannelées, creuses, nageantes, sont très lisses, ainsi que toute la plante; feuilles composées de folioles arrondies et légèrement sinuées; fleurs petites et blanches.

On cultive dans les jardins, pour les mêmes qualités, la *cressonnette*, ou *cresson alénois*.

Le *raifort, cochléaria*, ou *cranson de Bretagne*, vulgairement *moutarde de capucin*, est un de nos plus puissants antiscorbutiques. Sa racine a une saveur très poivrée, ses feuilles sont longues et grandes au moins comme celles de la patience aquatique; ses fleurs sont blanches et petites; on le cultive dans les jardins. Il est très vivace et se détruit difficilement.

Le *pastel* (*fig.* 78), plante cultivée en grand pour la couleur bleue que l'on retire de ses feuilles, est encore un bon fourrage printanier.

Nous citerons comme présentant peu ou point d'intérêt :

Fig. 78. — Pastel.

Les *sisymbres* à fleurs jaunes, dont plusieurs espèces croissent au bord des eaux.

Le *sisymbre des murailles*.

L'*herbe-au-chantre*, ou *sisymbre officinal*, que l'on regardait comme un bon remède contre l'enrouement, d'où lui vient sa qualification.

La *julienne sauvage*, que la culture a fait doubler dans nos jardins,

La *giroflée jaune* ou *giroflée des murailles*, cultivée aussi comme plante d'ornement.

L'*alliaire*, que nous trouvons au printemps dans les buissons et les lieux ombragés, exhale une odeur d'ail bien prononcée. Lorsque les vaches la mangent, le lait et le beurre en prennent le goût.

Ses fleurs sont blanches et petites, ses feuilles larges, en cœur et à dents profondes.

L'*herbe Sainte-Barbe*, assez grande plante à tiges sillonnées, lisses, ainsi que les feuilles, à fleurs petites, d'un beau jaune, en grappes allongées ; sur les talus humides et au bord des fossés. Elle est alimentaire dans quelques pays ; antiscorbutique; on l'applique sur les contusions.

Les *arabettes*, à siliques très grêles ; les *draves*, à silicules ou siliques larges et courtes, ne sont remarquables pour nous qu'en raison de leur précocité.

Le *cresson élégant* ou *cardamine des prés*, très commun dans les prairies humides, et une des premières plantes qui paraissent au printemps, est réputé comestible dans quelques pays.

Ses fleurs assez grandes, d'un bleu violet, ses tiges un peu glauques et lisses ainsi que toute la plante, ses feuilles à découpures profondes et étroites, le rendent facile à reconnaître.

Le *thlaspi des champs* ou *monoyère*, se trouve sur les talus, dans les lieux cultivés, en avril et mai.

La *bourse-à-pasteur*, aux silicules en forme de cœur, est très commune dans les jardins, sur les murs et dans les lieux cultivés.

34. — FAMILLE DES ŒILLETS (*Caryophyllées*).

Tiges cylindriques à nœuds, formant des articulations d'espace en espace; rameaux opposés, partant des nœuds; feuilles opposées partant aussi des nœuds. Fleurs blanches ou rougeâtres, de cinq pétales, avec des styles plumeux.

Dans cette famille, nous ne trouvons pas de plantes très utiles, mais elles ne sont point malfaisantes et les animaux les mangent volontiers.

L'*œillet des jardins*, à fleurs très variées de formes et de couleurs, est connu de tout le monde.

Les *petits œillets sauvages*, à fleurs rouges ou roses, à tiges grèles, croissent ordinairement dans les lieux arides et sablonneux, ou sur les murailles.

La *saponaire* (*fig*. 79), à tiges anguleuses au sommet, à feuilles lisses, allongées, marquées de trois nervures, et à fleurs roses, est employée pour le blanchissage du linge.

La *nielle des blés,* très commune dans les moissons et dont les graines noires nuisent à la qualité de la farine, est grande: tige simple, anguleuse, velue ainsi que toute la plante; feuilles étroites, allongées, entières; fleurs d'un rouge vineux, solitaires, sur de longs supports.

On doit la détruire avec soin et ne point laisser
mûrir ses graines.

Le *compagnon blanc,* ou *lychnis dioïque*; tiges branchues, velues; feuilles également velues, marquées
de cinq nervures, ovales-pointues; fleurs blanches;

Fig. 79. — Saponaire.   *Fig.* 80. — Spergule.

celles à étamines et celles à pistils sur des pieds différents; capsules grosses.

Lychnis fleur de coucou; tige cannelée, un peu rude
et très légèrement visqueuse au sommet; feuilles unies,
allongées, étroites, entières; fleurs rouges, rosées ou
blanches, finement découpées; dans les prés humides;
été.

Le *behen blanc,* se rapprochant un peu, pour le port,

du *compagnon blanc*, mais dont les tiges et les feuilles sont lisses, glauques et le calice renflé. Dans les champs cultivés, sur les terrains calcaires.

La *spergule* (fig. 80), très estimée comme fourrage et cultivée en grand, a les tiges étalées, rameuses, légèrement velues ; les feuilles grêles, arrondies, sillonnées en dessus, disposées en anneaux et par étages ; fleurs blanches, capsules globuleuses ; commune dans les lieux sablonneux.

La *stellaire*, jolie petite plante à fleurs blanches, apparaissant au printemps comme des étoiles au milieu des massifs d'arbrisseaux et d'herbes ; ses tiges sont faibles, ses feuilles longues, étroites, pointues, un peu rudes ; supports des fleurs longs ; capsules globuleuses.

Nous ne ferons qu'indiquer :

La *stellaire moyenne*, *mouron blanc*, *mouron des oiseaux*, *morgeline*. Petite plante très commune dans les lieux cultivés et qui détruit souvent les récoltes fourragères en couvrant le sol de ses nombreuses tiges succulentes, grêles, étalées ; ses fleurs sont petites, blanches et disposées à l'extrémité des tiges en espèces d'épis feuillés.

Le *ceraiste*, dont le port rappelle un peu celui du mouron : mais plus grand et velu. ·

La *sabline*, petite plante que l'on rencontre dans les terres sablonneuses.

La *sagine*, toute petite aussi et sans intérêt pour nous.

Le *lin*, dont quelques botanistes font une famille spéciale, est, comme vous le savez, cultivé pour sa filasse

et pour ses graines, qui contiennent une huile très
employée en peinture. Les tourteaux de graines de lin,
après qu'on en a extrait l'huile, sont encore très nourrissants pour les animaux. On en fait aussi des cata-
plasmes émollients.

Les fleurs du lin sont d'un beau bleu ; il en existe
une variété à fleurs blanches.

35. — FAMILLE DU RÉSÉDA (*Capparidées*).

Fleurs jaunâtres, peu éclatantes, en longs épis.

Cette famille est bien peu nombreuse, et si nous
en exceptons la *gaude*, nous n'y trouverons rien
d'utile.

Le *réséda*, cultivé dans les jardins pour ses fleurs
d'une odeur très agréable, est connu de tout 1
monde.

La *gaude* ressemble au réséda, mais ses tiges son
fortes, élevées, anguleuses et lisses, les feuilles allon
gées, ondulées, unies, entières ; les fleurs en épis trè
allongés, d'un jaune verdâtre.

Commune dans les lieux cultivés, sablonneux.

Elle fournit une teinture jaune, et on la cultive e
grand pour cet usage.

36. — FAMILLE DES SEDUMS (*Crassulées*).

Plantes grosses, à feuilles simples, épaisses, char
nues, arrondies ou planes.

Encore une famille peu intéressante pour nous.

Nous citerons :

L'orpin ou *sedum-reprise* (*fig.* 81), à tiges grosses a

rondies, tendres, garnies de feuilles larges, épaisses, dentées, ovales, lisses, fleurs nombreuses, en espèce d'ombelle et de couleur rougeâtre; dans les bois, les terrains frais.

On trouve, le long des haies et sur les rochers, un grand nombre de sedums plus petits, à fleurs blanches ou roses.

Le *sedum âcre*, qui croît sur les murailles, sur les toits et sur les rochers, a les fleurs d'un beau jaune foncé.

La *joubarbe des toits*, dont les feuilles, disposées en rosette, ressemblent à un petit artichaut, a des fleurs rougeâtres, placées presque d'un seul côté; paraissant en été.

Fig. 81. — Orpin.

Le *cotylédon, ombilic*, à feuilles arrondies, charnues, à fleurs d'un blanc jaunâtre ; sur les rochers, les vieux murs, les talus ombragés.

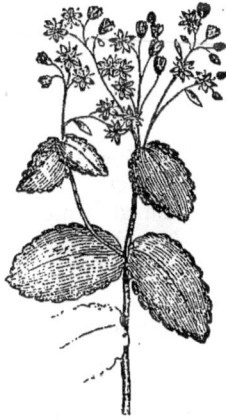

37. — FAMILLE DE LA SALICAIRE (*Salicariées*).

Nous ne citerons de cette famille que la *salicaire*, grande et belle plante à fleurs rouges, disposées en anneaux rapprochés autour de la tige, formant de longs épis serrés. Elle croît au bord des eaux ; ses tiges sont carrées, velues à la partie supérieure ; les feuilles sou-

7

vent opposées, allongées, aiguës, lisses en dessus, légèrement velues en dessous, ont quelque ressemblance
avec celles du saule.

Le *pourpier*, cultivé dans les jardins comme plante
potagère, est voisin de cette famille.

38. — FAMILLE DU GÉRANIUM (*Géraniées*).

Feuilles opposées, en général, molles et découpées.

Fleurs roses ou blanches partant de l'aisselle des
feuilles ; corolle à cinq pétales. Fruit terminé en forme
de bec. Les géraniums ne sont pas nuisibles dans les
fourrages, mais les animaux s'en soucient peu.

Nous noterons seulement :

Le *géranium sanguin*; tiges rougeâtres, noueuses,
velues ; feuilles, arrondies, à divisions profondes; fleur
rouge, solitaire, sur un long support.

Le *géranium herbe-à-Robert*; tiges étranglées, articulations rougeâtres, rameuses ; feuilles sur de longs
supports, ainsi que les fleurs, qui sont deux à deux,
rouges ou blanchâtres. Toute la plante est fétide.

Le *géranium mou*, à feuilles arrondies, molles, velues
et douces au toucher, ainsi que toute la plante ; fleurs
rougeâtres ou rosées ; mai, juin.

Le *géranium à feuilles rondes*, un peu visqueux ; articulations rouges et gonflées ; feuilles arrondies à longs
supports; fleurs roses, par deux; avril, juin ; dans les
lieux cultivés, le long des murs.

La *géranium à feuilles découpées*; feuilles sur de longs
supports, profondément découpées. Les fleurs, par deux,
sont roses ; juin et juillet ; quelquefois dans les trèfles.

La culture a produit de nombreuses et très belles variétés, qui réunies, aux espèces étrangères, forment un des plus beaux groupes de l'horticulture.

Les *oxalides*, dont quelques botanistes ont fait une famille, sont de petites plantes à feuilles composées de trois folioles. Elles ont, en général, une saveur aigrelette.

On a cultivé une oxalide pour ses petits tubercules ; mais son produit paraît peu avantageux dans la grande culture.

C'est de l'*oxalide-oseille*, *alléluia*, *surelle* (*fig.* 82), à fleurs blanches ou légèrement rosées, qu'on extrait le sel d'oseille. L'*oxalide droite* ou l'*oxalide corniculée* est à fleurs jaunes.

Fig. 82. — Surelle.

39. — FAMILLE DES ROSES (*Rosacées*).

Corolle à cinq pétales réguliers et étalés en rose avec de nombreuses étamines et de nombreux ovaires ; fleurs roses, blanches ou jaunes ; feuilles composées.

Cette famille contient des plantes qui ne paraissent pas au premier abord avoir de grands rapports entre elles, la ressemblance n'étant bien marquée que dans les fleurs. Il existe surtout une très grande différence entre leurs fruits.

Les espèces de roses sauvages, très nombreuses, ont produit par la culture des variétés innombrables. Ces belles fleurs sont trop connues pour qu'il soit besoin d'en parler ici.

Décrire les variétés sauvages serait tout à fait inutile et même impossible, puisque les botanistes ont beaucoup de peine à les classer.

On cultive en grand la rose dite de *Provins* (*fig.* 83), dont les fleurs sont utilisées en pharmacie.

Fig. 83. — Rose de Provins.　　　*Fig.* 84 — Aigremoine.

Le *framboisier* est un arbrisseau cultivé dans les jardins pour ses fruits rouges ou blancs ; à saveur agréable et aromatique, et rafraîchissante.

Les *ronces*, qui croissent dans nos haies, et les espèces que l'on rencontre dans les champs, peuvent à juste titre être classées dans les plantes nuisibles à la culture. Cependant leurs fruits, leurs tiges et leurs feuilles ont quelque utilité.

Les tiges fendues font de très bons liens. On s'en sert pour attacher les paquets de cercles, et aussi pour faire de grossiers paniers. Les jeunes tiges et les feuilles sont astringentes et employées contre les maux de gorge. Les fruits font une espèce de vin, dont on retire de l'alcool.

L'*aigremoine* (fig. 84), que nous trouverons dans les bois et les haies, le long des champs, a les fleurs jaunes disposées en épis allongés; les tiges sont poilues et simples; les feuilles, longues, à folioles d'inégale grandeur, sont blanchâtres en dessous.

On l'emploie en gargarisme contre les maux de gorge. Elle n'est point nuisible dans les fourrages.

La *benotte*, dont la racine est fébrifuge et légèrement aromatique, croît dans les lieux ombragés. Elle a aussi les fleurs jaunes, sur de longs supports. Les barbes des graines sont rouges et crochues. Les feuilles ont quelque ressemblance avec celles du fraisier.

Les *potentilles* sont presque toutes astringentes et ne nous sont d'aucune utilité en agriculture.

Nous citerons:

La *potentille ansérime*, ou *argentine*, dont les feuilles, composées de nombreuses folioles, sont vertes en dessus, blanches, argentées en dessous; les fleurs jaunes, solitaires. Elle est commune au bord des eaux, le long des fossés, dans les terrains desséchés.

La *potentille rampante*, *quintefeuille*; tiges rampantes,

quelquefois très longues; feuilles à cinq folioles, dentées; fleurs d'un beau jaune, solitaires, sur un long
support. Terrains sablonneux, le long des chemins.

La *potentille tormentille* (fig. 85); tiges grêles, peu élevées ou couchées; feuilles à trois ou cinq folioles ovales; fleurs jaunes; été, dans les prés et les bois secs.

Fig. 85. — Potentille tormentille.   Fig. 86. — Pimprenelle.

Cette plante, ainsi que la précédente, a un peu le
port des fraisiers.

La *potentille fraisier*, qui n'a de remarquable pour
nous que ses petites fleurs blanches paraissant dès le
premier printemps.

Le *fraisier des bois* et les différentes espèces de fraisiers cultivés dans les jardins. Les tormentilles sont

voisines des potentilles, dont elles ne diffèrent que
par quatre pétales au lieu de cinq.

La *reine-des-prés*, *spirée ulmaire*, très belle plante,
croissant au bord des eaux et dans les prés humides ;
les feuilles sont blanchâtres en dessous, à folioles
assez grandes, ovales-dentées, entremêlées de petites
folioles ; fleurs blanches, odorantes, petites, réunies
en panicules très élégantes.

La *pimprenelle* (*fig.* 86), qui fournit un pâturage de
bonne qualité sur les terrains les plus pauvres et les
plus secs, est surtout convenable pour les moutons.

La tige est un peu anguleuse ; les feuilles sont composées de folioles ovales, arrondies, dentées, un peu
glauques en dessous ; les fleurs réunies en têtes, rougeâtres.

C'est à cette belle famille des Rosacées que nous devons les fruits les plus précieux pour nos celliers et
nos tables ; pommes et poires, prunes et cerises, pê-
ches et abricots.

40. — FAMILLE DES RENONCULES (*Renonculacées*).

Fleurs ressemblant beaucoup à celles des Rosacées,
le plus souvent jaunes ou blanches, cinq pétales réguliers, de nombreuses étamines et plusieurs ovaires.

Nous trouverons dans ce groupe un grand nombre
de plantes nuisibles, et, si nous pouvons nous exprimer ainsi, c'est une famille ennemie.

Presque toutes ont un suc âcre ; les cochons en
mangent certaines espèces sans inconvénient ; mais
elles sont nuisibles aux autres animaux.

Quelques renoncules croissent abondamment dans les prairies. Heureusement, lorsqu'elles sont sèches, elles perdent leurs mauvaises qualités, et on les voit à peine dans les foins.

Dans les renoncules, nous citerons :

La *renoncule petite-douve*, dont les tiges, fléchies à la base, sont lisses ainsi que toute la plante ; le support des feuilles est long dans celles du bas de la tige, et court dans celles du haut ; les feuilles inférieures sont ovales, les supérieures allongées ; fleurs d'un jaune luisant ; été, dans les lieux humides, dans les fossés, les marais. On l'a dit très nuisible aux moutons.

La *grande-douve*, croissant dans les mêmes lieux.

La *renoncule scélérate* (fig. 87) ; tige dressée, creuse, grosse, rameuse, rayée ; feuilles à grandes divisions, arrondies dans le bas de la plante et plus allongées dans la partie supérieure, lisses, ainsi que les tiges ; fleurs jaunes, dont le centre forme une espèce de cône, nombreuses, petites, entremêlées de petites feuilles ; dans les fossés humides, dans les marais ; été.

La *renoncule âcre*, *renoncule des prés*, *bouton d'or*, connue vulgairement sous le nom de *pied-de-coq*, ainsi que deux ou trois autres renoncules qui s'en rapprochent

Fig. 87. — Renoncule scélérate.

beaucoup, du moins pour l'aspect, a de grandes fleurs d'un beau jaune brillant.

Ces plantes sont difficiles à détruire, et l'on ne s'en débarrasse qu'au moyen des cultures sarclées.

La *renoncule des champs,* annuelle ; d'un vert pâle, feuilles à trois folioles ; fleurs jaunes, petites ; dans les moissons, mai et juin.

La *renoncule aquatique grenouillette* offre de nombreuses variétés, et change d'aspect selon qu'elle croît dans l'eau ou hors de l'eau. Tiges très longues et flottantes, lorsqu'elles sont inondées ; courtes et dressées, quand elles sont hors de l'eau ; fleurs assez grandes, blanches ; onglet des pétales jaune.

Nous ne nommerons pas d'autres renoncules, quoiqu'elles soient très nombreuses.

La *ficaire, petite chélidoine,* petite plante vénéneuse, qui n'a de remarquable que sa précocité ; fleurit en mars, avril, dans les lieux ombragés, dans les prairies. Fleurs solitaires, d'un beau jaune luisant, sur un long support ; feuilles en cœur ; tige couchée ; racines composées de petits tubercules rassemblés en un faisceau.

L'*anémone sylvie,* anémone des bois. Une ou deux feuilles et le support de la fleur sortant de la racine ; feuilles à trois folioles ovales, découpées ; fleur solitaire de cinq ou six pétales d'un blanc rougeâtre, précédée d'une collerette de trois feuilles. Au printemps, dans les bois et dans les prairies ombragées.

On cultive dans les jardins des anémones de couleurs très variées.

La *clématite, vigne blanche, herbe-aux-gueux* (fig. 88),

7.

a la propriété de produire des ampoules sur la peau,
et les mendiants s'en servent pour faire croire à des
maladies qui excitent la
compassion. Elle est âcre ;
tiges enroulantes, grim-
pantes, s'attachant aux
corps voisins à l'aide du
support des feuilles, qui ont
un peu l'aspect de celles de
la vigne. Fleurs blanches,
en grappes, odorantes. Ses
tiges font de très bons paniers. Elle préfère les terrains calcaires ; été.

*Pigamon, thalictron, rue
des prés, rhubarbe des pauvres* ; tige élevée, sillonnée,
creuse, lisse ; feuilles composées ; fleurs en panicule

Fig. 88. — Clématite.

jaunâtre ; juillet, août, dans les prés humides, le long
des haies et des fossés. On a essayé sa racine pour
teindre en jaune.

A cette famille appartiennent encore les *ellébores*,
plantes malfaisantes et dont il faut se défier.

Nous citerons seulement l'*ellébore verte*, à feuilles
luisantes, dont les folioles sont fortement dentées en
scie, ses fleurs vertes se montrent dès le printemps ;
dans les lieux pierreux, les bois, les buissons.

Le *populage des marais*, ou *souci des marais*, croît
dans les prés humides, le long des ruisseaux. Il a les
feuilles grandes, arrondies, luisantes. Ses fleurs sont

terminales, grandes et d'un beau jaune doré. Il est
âcre, vénéneux, et les animaux ne le mangent
pas.

L'*ancolie, gant de Notre-Dame*; tige élevée, peu rameuse; les feuilles du bas divisées en trois, et chaque
division portant cinq folioles; vertes en dessus, glauques en dessous; fleurs bleues pendantes à cornets
recourbés en bec; au bord des bois, le long des haies
humides. Plante dangereuse.

Pied-d'alouette, dauphinelle; tige rameuse du haut,
feuilles à divisions étroites; fleurs bleues à long éperon,
en grappes.

On a cru voir dans la fleur les lettres A I A, qui font
le commencement du nom d'Ajax; ce qui fait donner
à une espèce le nom de dauphinelle d'Ajax.

De nombreuses variétés sont cultivées dans les jardins.

On doit s'en défier comme de la précédente; elle se
trouve dans les moissons.

L'*aconit*, cultivé pour ses fleurs en forme de casque,
réunies en épi serré et d'un bleu violet, est encore une
plante dangereuse. Ses feuilles sont d'un vert noirâtre,
luisantes et à découpures étroites.

41. — FAMILLE DU PAVOT (*Papavéracées*).

Corolle ordinairement de quatre pétales; étamines
nombreuses; suc de la plante souvent jaune, quelquefois
blanc; capsules des graines généralement terminées
par un disque divisé comme une roue, ou quelquefois

fruit en silique, calice de deux pièces caduques ou de quatre pièces persistantes.

Les *pavots* sont narcotiques (assoupissants), et une espèce produit l'opium.

On cultive en grand un pavot dont les graines fournissent de l'huile de bonne qualité, connue dans le commerce sous le nom d'huile d'œillette, c'est par corruption du mot *oilette*, petite huile.

Le *coquelicot* est très commun dans les moissons, et se multiplie avec une grande facilité par ses graines fines et très nombreuses. Les bêtes à cornes le mangent volontiers.

Tiges rameuses, velues et rudes ; feuilles à divisions inégales ; fleurs grandes, rouges, avec une tache noire à la base des pétales.

La grande *chélidoine*, *éclaire* (*fig.* 89) se trouve souvent le long des vieux murs, sur les décombres, dans les lieux couverts. Tige tendre, un peu poilue ; feuilles minces, glau-

Fig. 89. — Chélidoine.

ques en dessous, à grandes divisions ; fleurs jaunes en espèce d'ombelle.

Cette plante, qui contient un suc jaune, est caustique et dangereuse.

Le *pavot cornu* est tout voisin de l'*éclaire*. Sa fleur est

grande, d'un beau jaune, et ses capsules courbées attei-
gnent quelquefois une grande longueur; les tiges et
les feuilles sont glauques.

Le *nénuphar blanc* et le *nénuphar jaune*, vulgairement
volet, croissent abondamment dans les rivières et dans
les étangs. Ces plantes n'ont de remarquable pour nous
que leurs belles fleurs et leurs larges feuilles rondes,
nageant à la surface des eaux.

42. — FAMILLE DE LA MAUVE (*Malvacées*).

Fleurs grandes, corolle régulière à cinq pétales ; étamines réunies en une espèce de colonne.

Toutes les plantes de ce groupe sont émollientes et
leurs fleurs pectorales. Elles sont bien différentes des
deux dernières familles, dont l'une est dangereuse par
son suc caustique et âcre, l'autre par ses propriétés
narcotiques.

La *mauve musquée* est une des plus remarquables par
ses grandes fleurs rosées et musquées ; calice poilu ;
feuilles profondément découpées. Le long des haies,
au bord des bois ; été.

La *mauve à feuilles rondes*, *petite mauve*, tiges couchées, feuilles en cœur, arrondies, sur de longs supports, cinq à sept divisions peu marquées ; fleurs petites,
blanches ou rosées, réunies en bouquets partant de
l'aisselle des feuilles. Le long des chemins, sur les
décombres.

La *mauve commune*, plus grande que la précédente ;
fleurs grandes, purpurines ; tiges dressées ; feuilles
arrondies, à cinq ou sept divisions. Dans les champs,

les buissons, sur le bord des chemins, les décombres.

La *guimauve* (*fig.* 90), feuilles blanchâtres, couvertes
d'un duvet court et soyeux ; fleurs grandes, blanches
ou purpurines, réunies en espèce d'épi allongé.

La racine de guimauve est très employée en pharmacie.

43. — FAMILLE DU MILLE-PERTUIS (*Hypéricées*).

Feuilles opposées, entières, paraissant percées d'un
grand nombre de petits trous. Fleurs ordinairement
jaunes, à corolle régulière. Étamines nombreuses.

Fig. 90. — Guimauve.   *Fig.* 91. — Mille-pertuis commun.

Cette famille renferme un assez grand nombre d'espèces ; mais, comme elles ont de grands rapports, et
qu'elles sont peu utiles, nous nous bornerons à citer :

Le *mille-pertuis commun* (*fig.* 91); tige rameuse, lisse, ainsi que toute la plante, un peu anguleuse; feuilles ovales-allongées, marquées de cinq nervures; fleurs d'un beau jaune, à pétales longs et étroits; très commun; été.

Une autre espèce, à tige carrée, à feuilles plus grandes que la précédente, croît au bord des eaux, dans les bois humides.

D'autres petites espèces se trouvent dans les lieux secs et arides.

L'*androsème officinale*, *toute-saine*, aux tiges ligneuses à deux angles peu prononcés, ressemble beaucoup au mille-pertuis; ses feuilles grandes, entières, ovales, unies et vertes en dessus, un peu glauques en dessous, deviennent d'un brun rougeâtre à la fin de l'été; fleurs d'un beau jaune, en espèce d'ombelle; baies noires.

44. — FAMILLE DES VIOLETTES
(*Violacées*).

Corolle irrégulière à cinq pétales, dont l'un terminé en éperon; cinq étamines.

Les *violettes* et les *pensées*, qui forment ce groupe, sont tellement connues qu'une description serait tout à fait inutile.

Fig. 92. — Pensée.

En général, les animaux les mangent sans]incon

vénient; mais elles sont insignifiantes comme fourrage.

Nous citerons la *violette odorante* et la *pensée* (*fig.* 92),
qui ont fourni de nombreuses variétés par la culture.

45. — FAMILLE DU POLYGALA (*Polygalées*).

Fleurs très irrégulières, ordinairement bleues, quelquefois roses ou blanches, en grappe terminale, ayant
un peu l'aspect des Papilionacées.

Encore une famille qui ne nous offre aucun intérêt.

Fig. 93. — Polygala commun.   *Fig.* 94. — Fumeterre.

Le *polygala commun* (*fig.* 93) est une jolie petite plante
à fleurs ordinairement bleues, quelquefois blanches

. ou roses, disposées en grappes allongées et d'un seul côté.

Tiges inclinées, longues de 12 à 30 centimètres; feuilles entières, étroites. Commun, amer et purgatif.

46. — FAMILLE DE LA FUMETERRE (*Fumariées*).

Feuilles composées, très découpées; fleurs irrégulières, en grappes; corolle de quatre pétales, avec un éperon ; tige tendre.

Une seule plante représente pour nous cette famille, qui a quelque ressemblance avec les légumineuses.

La *fumeterre officinale* (*fig.* 94), tendre, délicate, élégante, glauque; feuilles très divisées; fleur purpurine, avec une tache noire au sommet, formant des épis un peu lâches. Très commune dans les lieux cultivés.

Elle est amère, stomachique et utile dans les maladies de la peau.

Les bêtes à cornes la mangent volontiers. Elle croît quelquefois en si grande quantité dans les fourrages d'automne qu'on peut la faucher et la donner en vert.

47. — FAMILLE DES POIS, DES FÈVES (*Papilionacées ou Légumineuses*).

Feuilles composées; corolle irrégulière, ayant ordinairement la forme d'un papillon; dix étamines, dont neuf sont souvent réunies et l'autre libre; graines renfermées dans une gousse ou légume.

Cette grande famille est une des plus intéressantes

pour nous. Si nous avons appelé quelques familles
ennemies, nous pouvons dire que celle-ci est *amie*.

Toutes les légumineuses, à peu près, forment de
bons fourrages, et c'est à ces plantes que nous devons
la plupart de nos prairies artificielles.

Les graines d'un grand nombre sont farineuses et
alimentaires.

En général, elles veulent des terrains calcaires, et
même quelques espèces ne peuvent végéter sans cet
élément.

Les légumineuses sont très nombreuses, nous ne
pourrons les citer toutes.

Les plus importantes sont :

L'*ajonc*, arbrisseau épineux, qui croît dans tous les
terrains, même dans les plus mauvais ; il fait exception
à la règle que nous venons d'établir, car il se passe
bien de calcaire, ainsi que les genêts.

Les haies d'ajonc sont très bonnes. Semé comme
fourrage, cet arbuste est une des nourritures les plus
précieuses pour l'hiver, et, ainsi que nous l'avons
dit dans nos *Éléments d'agriculture*, comme les fermes
où les terres trop nouvellement défrichées ne sont pas
encore assez riches pour produire d'autres fourrages,
l'ajonc est le seul moyen de nourrir le bétail et de se
procurer du fumier. Aussi l'a-t-on appelé la luzerne
des terrains pauvres.

Le *genêt*, dont nous nommerons seulement trois
espèces :

Le *genêt à balai*, plus grand que les autres et le plus
commun, occupe malheureusement encore, dans
notre pays, une assez grande étendue de terres culti-

vées, sous prétexte que son produit est avantageux.

On en fait des balais et des fagots très estimés pour la boulangerie. Coupé en fleur, il donne de la litière et de bon fumier.

Le *genêt des teinturiers*, moins commun, moins grand, à tiges légèrement cannelées, un peu angu-leuses ; feuilles allongées, entières ; fleurs d'un beau jaune ; calice non velu. Eté ; dans les prés, les pâtu-rages, au bord des champs.

On en retire une couleur jaune.

Le *genêt anglais*, petit arbrisseau très épineux, à tiges grêles, rameuses, peu élevées ; feuilles unies, pe-tites, entières ; fleurs solitaires partant de l'aisselle des feuilles, moins grandes que celles des autres genêts, d'un beau jaune ; croît abondamment dans les landes humides et les mauvaises prairies. Il est très nuisible aux foins.

La culture, les engrais et les soins donnés aux prai-ries feront disparaître ce genêt, encore trop commun.

L'*ononide, arrête-bœuf*, dont la présence annonce assez souvent le voisinage du calcaire ; tiges couchées, dures, épineuses dans quelques espèces ; feuilles pe-tites, à trois folioles ; fleurs solitaires, dans l'aisselle des feuilles, rougeâtres ou rosées ; été. Terrains sablon-neux et calcaires. Sa racine est très forte et difficile à arracher, c'est ce qui lui a valu son nom d'arrête-bœuf.

Les trèfles sont très nombreux. Nous nommerons les espèces les plus communes :

Le *trèfle des prés*, *trèfle cultivé*, *trèfle commun*, connu de tout le monde et formant la base de la nour-riture de notre bétail.

Le *trèfle incarnat*, qui n'est qu'annuel, à fleurs rou-ges ; très précieux dans les terrains sablonneux ou calcaires.

Le *trèfle blanc* ou *rampant, triolet*, plus propre à faire dés pâturages que des prairies fauchables ; réussit sur-tout dans les terrains frais et argileux.

Ces trois trèfles sont cultivés.

Les autres espèces les plus répandues sont :

Le *trèfle des champs, pied-de-lièvre*, annuel, velu ; fleurs blanches ou rosées, en petites têtes allongées et soyeuses. Été ; très commun dans les terrains sa-blonneux et encore plus sur le calcaire.

Le *trèfle filiforme*, petit, abondant dans nos prairies, fait de très bon foin. Tiges grêles, couchées ; fleurs d'un jaune pâle.

La *trèfle champêtre*, qui se rapproche beaucoup du trèfle filiforme, a les fleurs d'un beau jaune, rayées, en têtes assez grosses. Champs cultivés, prairies, pâtu-rages.

Le *trèfle fraise*, aux fleurs rosées, dont les têtes ont, après la floraison, quelque ressemblance avec une fraise.

Le *trèfle en terreur*, dont les têtes s'enfoncent en terre.

Ces deux dernières espèces ne sont d'aucune utilité.

Le *mélilot officinal*; tiges rameuses, lisses ; feuilles à trois folioles dentées ; fleurs jaunes, nombreuses, en épis. Cultivé comme fourrage, ainsi que le mélilot blanc de Sibérie.

Ces plantes sont très vivaces ; mais elles sont dures et ne font qu'une nourriture médiocre.

La *luzerne* cultivée (*fig.* 95), un des meilleurs four-

rages et un de ceux dont le produit est le plus abondant, ne réussit bien que dans les terres profondes et
surtout dans celles qui con-
tiennent du calcaire ; fleurs
violettes ou bleuâtres. Les
gousses de luzerne sont ordinairement roulées en coli-
maçon.

La *lupuline* est annuelle ou
bisannuelle, et son fourrage
moins abondant que celui de
la luzerne commune. Cependant cette plante est précieuse
pour utiliser les sols secs et
calcaires de médiocre qualité.
Les tiges rameuses sont couchées et assez faibles; folioles
assez grandes, dentées au som-

Fig. 95. — Luzerne.

met ; fleurs jaunes, petites, réunies en têtes sur un
long support partant de l'aisselle des feuilles.

La *luzerne tachée*, annuelle ; tige faible, lisse ; folioles grandes, ordinairement marquées d'une tache
noire ; fleurs jaunes en petit nombre, portées sur un
support partant de l'aisselle des feuilles. Dans les terrains frais ; été ; très bon fourrage.

Le *sainfoin*, *esparcette*, très estimé en vert ou en sec,
exige encore plus que la luzerne un sol calcaire et
sec. Ses fleurs roses sont disposées en jolis épis ; ses
grandes feuilles, composées de folioles ovales-allongées, donnent à cette plante un aspect très gra-
cieux.

La *trigonelle*, *fenugrec*, dont la graine est donnée aux chevaux comme excitant.

Le *lotier corniculé*, très commun dans nos champs et dont on pourrait faire un bon fourrage. Tiges couchées, redressées à l'extrémité, anguleuses ; folioles ovales, un peu en coin ; fleurs jaunes, assez grandes, réunies en tête, au nombre de quatre à dix. Été ; dans les terrains secs et surtout dans ceux qui sont calcaires. Ses racines sont profondes et difficiles à arracher.

On trouve, le long des fossés et dans les prairies humides, un lotier plus grand, à feuilles plus larges et velues ; on le cultiverait avec avantage dans les terrains humides.

L'*astragale*, *réglisse bâtarde*, qui ne croît guère que sur les terrains calcaires, pourrait encore être employée comme fourrage. Tiges longues, grosses, étalées ; feuilles grandes ; fleurs jaune-verdâtre, en épis courts, partant de l'aisselle des feuilles.

Fig. 96. — Réglisse.

La *réglisse* ou *bois doux* (fig. 96), dont vous avez tous mâché des racines, est de la famille des Légumineuses ; on la cultive en grand pour son suc adoucissant.

L'*ornithope, pied-d'oiseau*, petite plante à tige couchée, étalée, faible ; feuilles longues à petites folioles arrondies, nombreuses ; fleurs petites, en partie blanches, roses et jaunâtres ; gousses arquées et articulées. Terrain sablonneux ; été.

Les *gesses*, dont nous ne citerons qu'un très petit nombre, peuvent toutes faire de bons fourrages. Elles ont les folioles plus grandes et moins nombreuses que les vesces.

La *gesse des prés*, très commune dans les prairies, les buissons, les haies. Tiges grimpantes, anguleuses ; feuilles à deux folioles allongées, aiguës ; dix à cinq fleurs d'un beau jaune, sur de longs supports. Vivace.

La *gesse sauvage*, grande, lisse ; tiges grimpantes, ailées, rameuses ; feuilles à deux folioles allongées, marquées de nervures ; vrilles rameuses ; fleurs roses sur de longs supports. Été ; haies des prairies et des bois. Vivace.

La *gesse cultivée, puis carré, jarrosse*, aux fleurs violettes ou blanches, fait un très bon fourrage ; on mange aussi ses graines.

Elle réussit mieux dans les terres légères que dans les sols trop argileux.

Nous ne ferons qu'indiquer la *gesse de Nissole*, grêle, élégante, à feuilles étroites, très longues, sans folioles, sans vrilles ; fleurs purpurines, sur un long et mince support, au nombre d'une ou deux. Assez commune dans les moissons.

Les *vesces*, dont toutes les nombreuses espèces et variétés peuvent faire de bons fourrages, ont les folioles plus nombreuses et plus petites que les gesses.

La *vesce cultivée* est un de nos meilleurs fourrages, soit en vert, soit en sec.

Les vesces d'hiver et celles de printemps sont absolument les mêmes. Elle réussissent à peu près partout; cependant, elles préfèrent les terrains un peu argileux.

Nous rencontrons plus particulièrement dans les moissons la *vesce à feuilles étroites*, ayant l'aspect de la vesce cultivée, et connue sous la dénomination vulgaire de *grand gerzeau* ou *polago*.

La *lentille velue* et la *lentille à quatre graines, petit gerzeau*, très communes dans nos moissons, font, ainsi que la précédente, un tort considérable aux froments dans les années humides; elle sont quelquefois si abondantes qu'elles couvrent entièrement les céréales,

On croit généralement que certaines terres produisent naturellement le *gerzeau*; c'est une grave erreur, car il se détruit promptement, lorsqu'on ne le laisse pas grainer.

Tiges faibles, grimpantes; feuilles à nombreuses petites folioles; fleurs petites, d'un blanc bleuâtre.

Nous trouverons fréquemment la *vesce à bouquets, crocca*, dont les belles grappes de fleurs, d'un bleu violet, garnissent les haies et les buissons, à une assez grande hauteur. Elle vient aussi dans les moissons; on pourrait l'essayer comme fourrage.

La *vesce des haies*, à fleurs d'un violet bleuâtre; dans les haies.

La *vesce jaune*, à fleurs jaune pâle ou blanches, dans les moissons.

L'*orobe tubéreux*, croissant dans les lieux ombragés;

fleurs rouges passant au bleu, n'a point d'intérêt pour nous. Elle ressemble aux vesces.

La *lentille cultivée, ers* (*fig.* 97), réussit surtout dans les sols sablonneux. Ses graines sont comestibles et son fourrage est très estimé : il ne faut pas le donner en trop grande quantité, parce qu'il est très nourrissant.

Dans les terres riches et un peu argileuses, la lentille pousse trop vigoureusement et produit peu de graines.

La *fève*, dont nous cultivons deux espèces : la *grande fève de marais* et la *féverole*, est une

Fig. 97. — Lentille cultivée.

plante très productive. Sa graine est comestible et employée avec avantage à la nourriture des animaux ; ses tiges, comme fourrage, sont aussi très estimées.

Elles aiment les terres argileuses, et prospèrent cependant dans tous les terrains.

Les *petits pois* et les *haricots* sont aussi des légumineuses.

ARBRES

La classification en herbes et en arbres n'a rien d'exact, et il est certainement plus naturel de placer

8

les arbres dans les groupes auxquels ils appartiennent
par la conformation de leurs fleurs.

Cependant, nous avons cru convenable de les réunir
à la fin de cette liste, parce que les personnes qui ont
peu examiné les plantes sont embarrassées de compa-
rer un grand arbre avec une toute petite herbe ; et c'est
déjà une difficulté de faire comprendre qu'un acacia
est tout voisin du trèfle filiforme; que le figuier est
dans les orties, et le frêne à côté du jasmin.

D'un autre côté, nous nous sommes surtout attaché
aux caractères d'utilité, si l'on peut s'exprimer ainsi,
et, en faisant une division particulière des arbres, nous
nous écarterons moins de notre marche.

Nous ne ferons, du reste, que les indiquer, et nous
renvoyons, pour la culture et l'utilité de leur bois, à
nos *Éléments d'agriculture*.

FAMILLE DU CHÊNE (*Quercinées*).

Fleurs à étamines en longues grappes, fleurs à pistils solitaires, ou réunies sur le même arbre.

Le *chêne* est un de nos plus grands arbres et un des
plus utiles pour son bois.

Il en existe de nombreuses espèces et variétés. Quelques-unes ne perdent pas leurs feuilles.

L'écorce du chêne sert à tanner les cuirs ; celle du
chêne-liège, à faire des bouchons. Quelques chênes
importés d'Amérique sont fort beaux, par leur feuil-
lage.

Les glands, utilisés avec avantage pour la nourriture
des cochons, sont aussi très profitables pour les bêtes
à cornes.

Le *hêtre*, commun dans nos forêts, acquiert d'énormes dimensions, et son port est magnifique. Sa croissance est lente.

Le bois, quoique dur, est moins estimé que celui du chêne ; il est très bon comme combustible.

On retire de son fruit, connu sous le nom de *faine*, une huile de bonne qualité.

Le *charme*, moins grand que le hêtre, a le bois très dur et propre à faire des dents de machines. On le plante en haies, qui sont plutôt d'ornement que de défense. Il est nuisible dans le voisinage des champs cultivés, à cause de ses nombreuses racines. C'est un très bon bois de chauffage.

Le *châtaignier* est précieux pour la qualité de son bois, qui pourrit difficilement, et dont on fait de belle menuiserie. Ses fruits, très nutritifs et d'un goût agréable, sont un bon produit.

Le châtaignier est moins nuisible dans les champs cultivés que le hêtre, le charme, l'orme, le frêne, etc.

Le *noyer*, originaire de

Fig. 98. — Platane.

Perse, aime les terrains calcaires. Son bois est très estimé en menuiserie, et ses fruits contiennent de l'huile dont on fait un commerce important.

Le *platane* (*fig.* 98), un de nos plus beaux arbres d'or-

nement, est en même temps productif pour son bois.

Le *noisetier*, arbrisseau que vous connaissez tous, appartient aussi aux Quercinées.

FAMILLE DES SAULES (*Salicinées*).

Fleurs en chatons. Certains pieds ne portant que des chatons à étamines, certains pieds que des chatons à ovaires.

Les *saules* sont des arbres à bois mou, croissant ordinairement dans les lieux marécageux.

Les jeunes tiges de quelques espèces sont employées à faire des paniers.

Nous citerons :

Le *saule blanc* et les espèces et variétés qui s'en rapprochent ; arbre élevé, à feuilles allongées, dentées en scie, pointues, vertes en dessus, blanchâtres et argentées en dessous.

Les *osiers* de différentes espèces.

Le *saule pleureur* ou *saule de Babylone*.

Le *saule marceau*, très commun dans les haies et les bois humides. Ses rameaux sont bruns, ses feuilles plus grandes que celles des autres saules et moins allongées, ondulées, vertes en dessus, glauques et presque cotonneuses en dessous. Les chatons du saule marceau sont des premiers à se montrer au printemps.

Les peupliers les plus communs sont :

Le *peuplier blanc*, dit de *Hollande* (*fig.* 99), grand et bel arbre, à feuilles blanches en dessous, vertes en dessus, et ayant quelque ressemblance avec le tremble. Ses racines sont très traçantes. C'est le plus vigoureux des peupliers et le moins délicat.

Le *peuplier tremble*, plus petit que le précédent; feuilles dentées, sur des supports longs et comprimés qui s'agitent au moindre vent. Il est encore plus traçant que le blanc et très nuisible dans le voisinage des terres cultivées.

Le *peuplier noir*, à feuilles assez petites, lisses, à bourgeons noirâtres et visqueux. L'écorce du tronc est généralement plus ridée que celle des autres peupliers, et ses feuilles sont plus petites. Sa croissance est aussi moins rapide.

Le *peuplier pyramidal* ou d'*Italie*, très commun.

Le *peuplier de Virginie*, dit *peuplier suisse*, est maintenant très cultivé et un des plus productifs. Il ressemble un peu au peuplier noir, mais son écorce est plus lisse, ses feuilles plus grandes, ses tiges anguleuses et son aspect plus vigoureux.

Fig. 90. — Peuplier blanc.

Le *peuplier du Canada*, très voisin de l'espèce précédente, s'en distingue par ses rameaux plus anguleux et par ses feuilles plus grandes.

Le *peuplier de la Caroline*, dont les jeunes rameaux sont très anguleux et les feuilles plus larges que celles des autres peupliers, est un très bel arbre, surtout dans sa jeunesse.

8.

Le *bouleau* (*fig.* 100) croît dans les plus mauvais terrains, et très souvent c'est le seul arbre au moyen duquel on puisse les utiliser. Dans notre pays, il donne d'excellents fagots pour chauffer les fours ; ses jeunes tiges font des balais, et son bois brûle avec une odeur agréable.

L'*aune* réussit bien dans les terrains marécageux ; son bois est de mauvaise qualité ; mais lorsqu'il est plongé continuellement dans l'eau, il est presque incorruptible.

Fig. 100. — Bouleau.

FAMILLE DES PINS ET DES SAPINS (*Conifères*).

La plupart des arbres résineux croissent rapidement ; leur bois est assez bon ; quelques espèces utilisent des terrains qui resteraient improductifs sans cette culture.

Les *pins* ont plusieurs feuilles réunies dans la même gaine ; les *sapins* ont les feuilles isolées.

Les plus communs sont :

Le *pin silvestre, pin de Genève, pin d'Écosse* (*fig.* 101), variétés du même arbre. Ses feuilles sont plus courtes et ses cônes plus petits que ceux du pin maritime.

Le *pin maritime* (*fig.* 102), le plus commun et le plus

rustique. Ses feuilles sont longues, réunies deux à
deux, et ses cônes gros.

Le pin *laricio*, à longues feuilles réunies par deux,
à cônes moyens. Bel arbre, mais moins commun que
les précédents.

Le *pin du Nord*, dont les feuilles sont réunies par
cinq, est un fort bel arbre que l'on cultiva d'abord

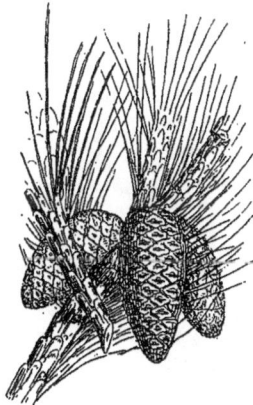

Fig. 101. — Pin.   *Fig.* 102. — Pin maritime.

comme ornement, mais dont la croissance rapide en
fait aujourd'hui un arbre de produit.

Le *pin à pignon* donne des fruits comestibles.

Dans les sapins, nous citerons :

Le *sapin commun, grand sapin* (*fig.* 103), un des plus
élevés et des plus beaux. Son bois, à raison de sa lé-

Fig. 103. — Sapin commun.

gèreté et de ses grandes dimensions, est très propre aux
constructions. Il a les feuilles
aplaties, d'un vert foncé en
dessus et blanchâtre en dessous ; ses cônes sont solitaires, redressés.

L'*épicéa faux sapin* (*fig.*
104), très bel arbre, moins
élevé que le précédent, mais
dont la croissance est plus
rapide ; ses feuilles sont d'un
vert sombre, les cônes solitaires, longs et pendants.

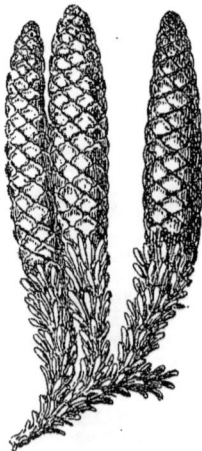

Fig. 104. — Épicéa.

Fig. 105. — Mélèze.

Le *mélèze* (*fig.* 105), qui perd ses feuilles en hiver.

Le *cèdre* (*fig.* 106), qui est regardé comme le plus beau de ce groupe.

Les *genévriers*, arbrisseaux aromatiques, appartiennent à cette famille.

L'*if*, arbre d'un vert sombre, très commun, croît avec une lenteur extrême ; son joli fruit, qui ressemble à une petite boule de cire rouge, est vénéneux et très nuisible aux animaux.

Fig. 106 — Cèdre.   *Fig.* 107. — Acacia.

Dans la famille des Urticées, nous trouverons l'*orme,* le *figuier* et le *mûrier.*

Dans celle des Jasminées, le *frêne.*

Dans les Légumineuses, l'*acacia* (*fig.* 107), le *baguenaudier,* le *févier,* le *cytise* ou *faux ébénier,* etc.

Dans les Rosacées, le *poirier*, le *pommier*, le *néflier*, l'*aubépine*, le *cormier*, l'*alisier* (*fig.* 108), le *cerisier*, le *prunier*, le *prunellier*, l'*amandier*, le *pécher*, l'*abricotier*, le *laurier palme*.

Dans les Acérinées, les *érables*, aux nombreuses es-

Fig. 108. — Alisier.   *Fig.* 109. — Érable.

pèces et variétés, dont les plus communes sont l'*érable champêtre* et l'*érable sycomore* (*fig.* 109).

Le *marronnier d'Inde* appartient à une famille dont il fait le type (les *Hippocastanées*).

Le *tilleul*, avec ses variétés, compose la famille des *Tiliacées*.

Le *laurier d'Apollon*, vulgairement *laurier-sauce*, forme une famille séparée.

En terminant cette liste, nous dirons encore que

tout est admirablement prévu dans l'organisation des plantes.

Leurs racines savent trouver les engrais ; leurs graines se conservent dans le sol au moyen de substances huileuses qu'elles contiennent, ou elles ont des aigrettes et des ailes qui les transportent au loin. D'autres ont des enveloppes membraneuses qui les lancent à de grandes distances ; enfin les oiseaux sont chargés d'en semer quelques espèces, etc.

Les bourgeons ont différents appareils de conservation : des écailles dures, des matières gluantes ou des espèces de bourres soyeuses.

Si nous voulions examiner tous les détails de ces admirables combinaisons, nous n'en finirions pas, et cependant nous pouvons encore répéter que nous savons peu et que la plupart de ces belles choses nous échappent.

Cultivons les plantes, étudions leurs habitudes, ce travail nous sera très profitable, et chaque année nous serons heureux de les retrouver comme d'anciennes connaissances.

Explication de quelques termes employés dans ce volume.

Acide, aigre.

Acidule, légèrement aigre.

Alcool, esprit-de-vin, eau-de-vie.

Antiscorbutique, propre à guérir le scorbut.

Aromatique, odeur forte et agréable.

Astringent, qui resserre.

Baie, fruit mou et renfermant des pepins ou petits noyaux.

Bulbe, oignon.

Capsule, enveloppe qui renferme certaines semences.

Caustique, brûlant.

Combustible, qui peut brûler.

Corymbe, espèce d'ombelle dont les supports sont inégaux en longueur et régulièrement placés au haut de la tige.

Diurétique, qui fait uriner.

Emollient, adoucissant, amollissant.

Fébrifuge, qui chasse la fièvre.

Foliole, petite feuille faisant partie d'une feuille composée.

Glauque, vert bleuâtre.

Gousse, se dit plus particulièrement de l'enveloppe des graines des légumineuses.

Narcotique, qui assoupit, qui endort.

Officinal, employé en pharmacie.

Ombelle, assemblage de fleurs dont les supports partent d'un centre commun, comme les branches d'un parasol.

Panicule, espèce d'épi lâche et irrégulier.

Pectoral, bon pour la poitrine.

Radical, qui appartient à la racine.

Réceptacle, partie sur laquelle sont rassemblées plusieurs fleurs ou fruits.

Résolutif, qui peut résoudre une humeur.

Silique, se dit plus particulièrement du fruit des crucifères.

Silicule, petite silique.

Stomachique, bon pour l'estomac.

Sudorifique, qui fait suer.

Tonique, qui donne de la force.

Tubercule, racine charnue et arrondie.

Tubéreuse, renflée et charnue..

Vermifuge, qui détruit les vers.

Vireux, malfaisant, vénéneux.

Vulnéraire, propre à guérir les blessures.

FIN

TABLE ALPHABÉTIQUE

DES FAMILLES ET DES PLANTES

9

FIN DE LA TABLE DES MATIÈRES.

1475-80. — Corbeil, typ. et stér. Crété.

www.ingramcontent.com/pod-product-compliance
Lightning Source LLC
Chambersburg PA
CBHW071900200326
41519CB00016B/4467